21世纪应用型本科院校规划教材

复变函数与积分变换

主　编　陈荣军　文传军

副主编　刘　坤　沈京一

　　　　许定亮　夏红卫

U0250113

南京大学出版社

前　言

　　本书是为二本院校学生编写的理工科基础课"复变函数与积分变换"教材.

　　复变函数与积分变换是高等院校一门重要的数学基础课程,是解决实际问题的强有力的工具.复变函数与积分变换起源于分析、力学、数学物理等理论与实际问题,具有鲜明的物理背景.复变函数与积分变换是电气工程及其自动化等专业的必修专业基础课,是学习"电路理论""电机学""信号与系统"等多门后继专业课的基础,在电力工程、通信和控制领域、信号分析和图像处理、语音识别与合成等领域中有着广泛的应用.

　　本书内容以"服务专业、实用易懂"为原则,简单易学,通俗简洁,本书不强调理论的完整和系统性,不追求公式繁杂的证明,而关注于工科的应用和学生易接受的计算能力的培养.本书的主要内容包括复数与复变函数、解析函数、复积分、复级数、留数和拉普拉斯变换等.

　　如何在有限的教学学时内高效、有序、紧凑的完成教学任务,是我们一直思考的问题.为了达到这一目的,我们结合高等数学课程编写此书,将二者重复雷同的内容进行弱化或者删除,如复变函数平面点集部分、幂级数部分等,避免重复和无效的教学和学习.复杂的定理证明增加了学生学习的难度,且在专业应用中并不适用,因此对定理的证明过程进行了省略.同时为了增强学生在专业中的应用能力，我们增加了该课程在实际问题中的应用性内容.

本书计划教学学时为 30～32，课堂教学和自学使用时可根据需要选择章节使用.

本书由陈荣军、文传军担任主编，刘坤、沈京一、许定亮、夏红卫担任副主编，丁仲明、荆江燕参与校稿. 由于编者水平有限，且时间紧迫，存在不如意之处，欢迎读者批评指正.

编　者

2015. 6

目　录

第一章 复数与复变函数

复变函数中所研究的函数的自变量和因变量均为复数,需要对复数及复变函数进行学习.本章主要介绍了复数的概念、四则运算及三角表示式、平面点集、复变函数的概念、极限和连续性.

§1.1 复数

1.1.1 复数的概念

将形如 $z=x+\mathrm{i}y$ 或 $z=x-\mathrm{i}y$ 的数称为复数,其中 i 为**虚数单位**,且有 $\mathrm{i}^2=-1$;x,y 为任意实数,分别为 z 的**实部**和**虚部**,记作

$$x=\mathrm{Re}(z),y=\mathrm{Im}(z).$$

例如,复数 $z=3+\sqrt{2}\mathrm{i}$,其中,$\mathrm{Re}(z)=3,\mathrm{Im}(z)=\sqrt{2}.$

当 $y=0$ 时,$z=x+\mathrm{i}0=x$ 为实数;当 $x=0,y\neq0$ 时,$z=0+\mathrm{i}y=\mathrm{i}y$ 为**纯虚数**.

设 $z_1=x_1+\mathrm{i}y_1,z_2=x_2+\mathrm{i}y_2$ 为两个复数.如果 $x_1=x_2,y_1=y_2$,则称 z_1 与 z_2 **相等**.很显然,若复数 $z=x+\mathrm{i}y=0$,当且仅当 $x=y=0$.需要注意的是,两个复数不能比较大小.

1.1.2 复数的四则运算

对任意两个复数 $z_1=x_1+\mathrm{i}y_1,z_2=x_2+\mathrm{i}y_2$,定义如下四则运算.

(1) 加、减法运算

$$z_1\pm z_2=(x_1+\mathrm{i}y_1)\pm(x_2+\mathrm{i}y_2)=(x_1\pm x_2)+\mathrm{i}(y_1\pm y_2).$$

（2）乘法运算

$$z_1 z_2 = (x_1 + \mathrm{i}y_1)(x_2 + \mathrm{i}y_2) = (x_1 x_2 - y_1 y_2) + \mathrm{i}(x_1 y_2 + x_2 y_1).$$

（3）除法运算

当 $z_2 \neq 0$ 时，称满足 $z_2 z = z_1$ 的复数 $z = x + \mathrm{i}y$ 为 z_1 除以 z_2 的商，记作 $z = \dfrac{z_1}{z_2}$，从而有

$$(x_2 + \mathrm{i}y_2)(x + \mathrm{i}y) = x_1 + \mathrm{i}y_1$$
$$= (x_2 x - y_2 y) + \mathrm{i}(x_2 y + x y_2),$$

根据复数相等的定义，得到

$$x_1 = x_2 x - y_2 y,$$
$$y_1 = x_2 y + x y_2,$$

解得
$$x = \frac{x_1 x_2 + y_1 y_2}{x_2^2 + y_2^2}, \quad y = \frac{x_2 y_1 - x_1 y_2}{x_2^2 + y_2^2}.$$

则
$$z = \frac{x_1 x_2 + y_1 y_2}{x_2^2 + y_2^2} + \mathrm{i}\,\frac{x_2 y_1 - x_1 y_2}{x_2^2 + y_2^2}.$$

例 1　计算 $(4 - 3\mathrm{i})(5 + 6\mathrm{i})$.

解　$(4 - 3\mathrm{i})(5 + 6\mathrm{i}) = [4 \cdot 5 - (-3) \cdot 6] + \mathrm{i}[4 \cdot 6 + (-3) \cdot 5] = 38 + 9\mathrm{i}$.

例 2　计算 $z = \dfrac{1 - 2\mathrm{i}}{2 + 3\mathrm{i}}$.

解　$\dfrac{1 - 2\mathrm{i}}{2 + 3\mathrm{i}} = \dfrac{[1 \cdot 2 + (-2) \cdot 3] + \mathrm{i}[2 \cdot (-2) - 1 \cdot 3]}{2^2 + 3^2} = -\dfrac{4}{13} - \dfrac{7}{13}\mathrm{i}$.

（4）四则运算的运算律

交换律：$z_1 + z_2 = z_2 + z_1$，$z_1 z_2 = z_2 z_1$；

结合律：$z_1 + (z_2 + z_3) = (z_1 + z_2) + z_3$；

分配律：$z_1(z_2 + z_3) = z_1 z_2 + z_1 z_3$.

1.1.3　共轭复数

（1）定义：把实部相同而虚部绝对值相等、符号相反的两个复数称为共轭复数，与 $z = x + \mathrm{i}y$ 共轭的复数记作 $\bar{z} = x - \mathrm{i}y$.

（2）共轭复数的性质

设复数 z_1, z_2, z，对于共轭运算，有如下相关性质.

① $\overline{(z_1 \pm z_2)} = \overline{z}_1 \pm \overline{z}_2, \overline{z_1 z_2} = \overline{z}_1 \ \overline{z}_2, \overline{\left(\dfrac{z_1}{z_2}\right)} = \dfrac{\overline{z}_1}{\overline{z}_2}$；

② $\overline{(\overline{z})} = z$；

③ $z \overline{z} = [\mathrm{Re}(z)]^2 + [\mathrm{Im}(z)]^2$；

④ $\mathrm{Re}(z) = \dfrac{1}{2}(z + \overline{z}), \mathrm{Im}(z) = \dfrac{1}{2\mathrm{i}}(z - \overline{z})$.

（3）复数的模

设复数 $z = x + \mathrm{i}y$，则复数 z 的模 $|z| = \sqrt{x^2 + y^2}$，且 $z \overline{z} = |z|^2 = x^2 + y^2$.

例 3　设任意两复数 z_1, z_2，证明 $|z_1 \pm z_2|^2 = |z_1|^2 + |z_2|^2 \pm 2\mathrm{Re}(z_1 \overline{z}_2)$.

证
$$|z_1 + z_2|^2 = (z_1 + z_2)(\overline{z_1 + z_2}) = (z_1 + z_2)(\overline{z}_1 + \overline{z}_2)$$
$$= z_1 \overline{z}_1 + z_1 \overline{z}_2 + z_2 \overline{z}_1 + z_2 \overline{z}_2.$$

又 $z_1 \overline{z}_1 = |z_1|^2, z_2 \overline{z}_2 = |z_2|^2, z_1 \overline{z}_2 + z_2 \overline{z}_1 = z_1 \overline{z}_2 + \overline{z_1 \overline{z}_2} = 2\mathrm{Re}(z_1 \overline{z}_2)$，所以有

$$|z_1 + z_2|^2 = |z_1|^2 + |z_2|^2 + 2\mathrm{Re}(z_1 \overline{z}_2).$$

同理可证 $|z_1 - z_2|^2 = |z_1|^2 + |z_2|^2 - 2\mathrm{Re}(z_1 \overline{z}_2)$.

复数的除法公式较为复杂，可以利用共轭复数的性质简化计算.

$$z = \frac{z_1}{z_2} = \frac{z_1 \cdot \overline{z}_2}{z_2 \cdot \overline{z}_2} = \frac{(x_1 + \mathrm{i}y_1)(x_2 - \mathrm{i}y_2)}{(x_2 + \mathrm{i}y_2)(x_2 - \mathrm{i}y_2)}$$

$$= \frac{(x_1 x_2 + y_1 y_2) + \mathrm{i}(x_2 y_1 - x_1 y_2)}{x_2^2 + y_2^2}$$

$$= \frac{x_1 x_2 + y_1 y_2}{x_2^2 + y_2^2} + \mathrm{i}\frac{x_2 y_1 - x_1 y_2}{x_2^2 + y_2^2}.$$

例 4　利用共轭复数的方法计算 $z = \dfrac{1 - 2\mathrm{i}}{2 + 3\mathrm{i}}$.

解　$\dfrac{1 - 2\mathrm{i}}{2 + 3\mathrm{i}} = \dfrac{(1 - 2\mathrm{i})(2 - 3\mathrm{i})}{(2 + 3\mathrm{i})(2 - 3\mathrm{i})} = \dfrac{(2 - 6) + (-4 - 3)\mathrm{i}}{13} = -\dfrac{4}{13} - \dfrac{7}{13}\mathrm{i}$.

例 5　设 $z_1 = 2 - 5i, z_2 = 3 + i$，求 $\dfrac{z_1}{z_2}$.

解　直接利用除法运算法则也可以计算，但那样比较繁琐，可以利用共轭复数的方法计算.

为求 $\dfrac{z_1}{z_2}$，在分子分母同乘以 $\bar{z}_2$，再利用 $i^2 = -1$，得

$$\frac{z_1}{z_2} = \frac{z_1 \cdot \bar{z}_2}{z_2 \cdot \bar{z}_2} = \frac{(2-5i)(3-i)}{|z_2|^2} = \frac{1-17i}{10} = \frac{1}{10} - \frac{17}{10}i.$$

§1.2　复数的三角表示

1.2.1　复平面、复数的模与幅角

一个复数 $z = x + iy$ 可唯一地对应一个有序实数对 (x, y)，而有序实数对又与二维坐标平面上的点一一对应. 因此，复数 z 的全体与坐标平面上的点的全体形成一一对应关系. 将坐标平面横轴上的点表示实数，纵轴上的点表示纯虚数，所建立的整个坐标平面则称为**复(数)平面**(图 1.1). 在点、数等同的观点下，复数与复平面上的点不加区别，一个复数集合即为一个平面点集. 例如，集合 $\{z \mid \operatorname{Im} z > 0\}$ 表示上半平面.

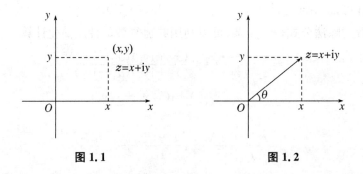

图 1.1　　　　　　　　　　　图 1.2

同时，复数还可以同平面向量一一对应，利用向量的平移不变性，将向量的起点放在坐标原点，终点为点 $z = x + iy$，则此向量与向量的终点对应同一复数(图 1.2).

设复数 $z \neq 0$，将其所对应向量的长度叫做 z 的**模**，即为 $|z|$；将其所对应向量的方向角 θ 叫做 z 的**幅角**. 很显然，z 的幅角有无穷多个，任意两幅角之间相差 2π 的整数倍. 采用记号 $\text{Arg}\,z$ 作为 z 的幅角的一般表示，即 $\text{Arg}\,z$ 可以不受限制地取 z 的幅角的任意值. 再用记号 $\arg z$ 表示 z 的**主幅角**，且有 $-\pi < \arg z \leqslant \pi$. 所以

$$\text{Arg}\,z = \arg z + 2k\pi, k \in \mathbf{Z}.$$

当 $z = 0$ 时，$|z| = 0$，此时 z 的幅角没有意义. 对于共轭复数，$|z| = |\bar{z}|$；当 $z \neq 0$ 且不为负实数时，$\arg \bar{z} = -\arg z$；当 z 为负实数时，$\arg \bar{z} = \arg z = \pi$.

当 $z = x + \mathrm{i}y \neq 0$ 时，它的实部、虚部和模、幅角之间的关系为

$$x = |z| \cos \text{Arg}\,z, y = |z| \sin \text{Arg}\,z,$$

由 $|z| = \sqrt{x^2 + y^2}$ 可知

$$|x| \leqslant |z|, |y| \leqslant |z|, |z| \leqslant |x| + |y|.$$

结合高等数学向量代数知识，可以得到复数模的三角不等式，设复数 $z_1 = x_1 + \mathrm{i}y_1, z_2 = x_2 + \mathrm{i}y_2$，则有

$$||z_1| - |z_2|| \leqslant |z_1 \pm z_2| \leqslant |z_1| + |z_2|.$$

$\arg z\,(z \neq 0)$ 与 $\arctan \dfrac{y}{x}$ 之间的关系可归纳为：

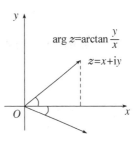

图 1.3a

当 $x > 0$ 时，$\arg z = \arctan \dfrac{y}{x}$；（图 1.3a）

当 $x < 0$ 时，若 $y \geqslant 0$，$\arg z = \arctan \dfrac{y}{x} + \pi$；（图 1.3b）

若 $y < 0$，$\arg z = \arctan \dfrac{y}{x} - \pi$；（图 1.3c）

当 $x = 0$ 时，若 $y > 0$，$\arg z = \dfrac{\pi}{2}$；若 $y < 0$，$\arg z = -\dfrac{\pi}{2}$.

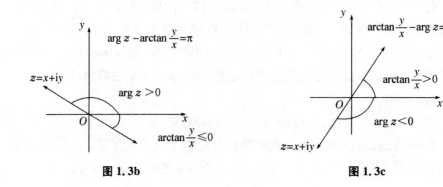

图 1. 3b　　　　　　　　　　　　图 1. 3c

例 1　求复数 $\dfrac{-2}{1+\sqrt{3}i}$ 的模和主幅角.

解

$$\left|\frac{-2}{1+\sqrt{3}i}\right|=\frac{2}{|1+\sqrt{3}i|}=\frac{2}{\sqrt{1+3}}=1,$$

$$\frac{-2}{1+\sqrt{3}i}=\frac{-2(1-\sqrt{3}i)}{(1+\sqrt{3}i)(1-\sqrt{3}i)}=-\frac{1}{2}+\frac{\sqrt{3}}{2}i,$$

$$x=-\frac{1}{2}<0,y=\frac{\sqrt{3}}{2}>0,\arg z=\arctan\frac{y}{x}+\pi=-\frac{\pi}{3}+\pi=\frac{2\pi}{3}.$$

1. 2. 2　复数的三角表示及指数表示

设复数 $z\neq0$，r 为 z 的模，θ 为 z 的任意一个幅角，则复数的**三角表示**为

$$z=r(\cos\theta+\mathrm{i}\sin\theta).$$

由欧拉公式 $\mathrm{e}^{\mathrm{i}\theta}=\cos\theta+\mathrm{i}\sin\theta$，可得复数 $z=r(\cos\theta+\mathrm{i}\sin\theta)$ 的**指数表示**为

$$z=r\mathrm{e}^{\mathrm{i}\theta}.$$

一个复数的三角表示不是唯一的，因为复数的幅角有无穷多种选择. 如果有两个三角表示相等：

$$r_1(\cos\theta_1+\mathrm{i}\sin\theta_1)=r_2(\cos\theta_2+\mathrm{i}\sin\theta_2),$$

则有

$$r_1=r_2,\theta_1=\theta_2+2k\pi,k\in\mathbf{Z}.$$

例 2　写出复数 $z=1+\mathrm{i}$ 的三角表示(图 1.4).

解　因为 $|1+i|=\sqrt{2}$，$\arg(1+i)=\dfrac{\pi}{4}$，所以 $1+i=\sqrt{2}\left(\cos\dfrac{\pi}{4}+i\sin\dfrac{\pi}{4}\right)$.

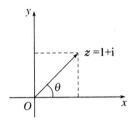

图 1.4

例 3　设 $z=r(\cos\theta+i\sin\theta)$，$r>0$，求复数 $\bar{z}$ 及 $\dfrac{1}{z}$ 的三角表示.

解　因为 $\dfrac{1}{z}=\dfrac{\bar{z}}{|z|^2}$，$|z|=r$，$\bar{z}=r(\cos\theta-i\sin\theta)=r[\cos(-\theta)+i\sin(-\theta)]$，

所以 $\dfrac{1}{z}=\dfrac{1}{r}(\cos\theta-i\sin\theta)=\dfrac{1}{r}[\cos(-\theta)+i\sin(-\theta)]$.

例 4　求复数 $z=-\sqrt{12}-2i$ 的三角表示式与指数表示式.

解　显然，$r=|z|=\sqrt{\left(-\sqrt{12}\right)^2+(-2)^2}=\sqrt{16}=4$.

$$\theta=\arg z=\arctan\left(\dfrac{-2}{-\sqrt{12}}\right)-\pi=\arctan\dfrac{\sqrt{3}}{3}-\pi=-\dfrac{5\pi}{6}.$$

因此 $z=-\sqrt{12}-2i$ 的三角表示式为

$$z=4\left[\cos\left(-\dfrac{5\pi}{6}\right)+i\sin\left(-\dfrac{5\pi}{6}\right)\right].$$

因此 $z=-\sqrt{12}-2i$ 的指数表示式为

$$z=4e^{-\frac{5\pi}{6}i}.$$

1.2.3　利用复数的三角表示作乘除运算

利用复数的三角表示，可以给出复数乘法和除法的新解释和新运算.

设 $z_1=r_1(\cos\theta_1+i\sin\theta_1)$，$z_2=r_2(\cos\theta_2+i\sin\theta_2)$，则

$$z_1 z_2 = r_1(\cos\theta_1+i\sin\theta_1)\cdot r_2(\cos\theta_2+i\sin\theta_2)$$

$$= r_1 r_2[(\cos\theta_1\cos\theta_2-\sin\theta_1\sin\theta_2)+i(\cos\theta_1\sin\theta_2+\sin\theta_1\cos\theta_2)]$$

$$=r_1 r_2 [\cos(\theta_1+\theta_2)+i\sin(\theta_1+\theta_2)],$$

$$z_1 z_2 = r_1 r_2 e^{i(\theta_1+\theta_2)},$$

$$|z_1 z_2| = |z_1||z_2| = r_1 r_2,$$

$$\text{Arg}(z_1 z_2)=\theta_1+\theta_2+2k\pi=\text{Arg}\,z_1+\text{Arg}\,z_2, k\in \mathbf{Z}.$$

上式为多值相等,其含义表示等式左边的任意取值,都在右边集合中出现,反之亦然.

当 $z_2 \neq 0$ 时有

$$\frac{z_1}{z_2}=\frac{r_1}{r_2}[\cos(\theta_1-\theta_2)+i\sin(\theta_1-\theta_2)],$$

$$\frac{z_1}{z_2}=\frac{r_1}{r_2}e^{i(\theta_1-\theta_2)},$$

$$\left|\frac{z_1}{z_2}\right|=\frac{|z_1|}{|z_2|}=\frac{r_1}{r_2}, \text{Arg}\left(\frac{z_1}{z_2}\right)=\text{Arg}\,z_1-\text{Arg}\,z_2.$$

例 5 设 $z_1=\dfrac{1+i}{\sqrt{2}}, z_2=\sqrt{3}-i$,试用三角形式表示 $z_1 z_2$ 及 $\dfrac{z_1}{z_2}$.

解 $z_1=e^{i\frac{\pi}{4}}, z_2=2e^{-\frac{\pi}{6}i}$,故

$$z_1 z_2 = 2e^{i\frac{\pi}{12}}=2\left(\cos\frac{\pi}{12}+i\sin\frac{\pi}{12}\right),$$

$$\frac{z_1}{z_2}=\frac{1}{2}\left(\cos\frac{5\pi}{12}+i\sin\frac{5\pi}{12}\right).$$

1.2.4　复数的乘方与开方

对于复数的乘方,需要首先学习**棣莫弗公式**,如式(1)所示

$$(\cos\theta+i\sin\theta)^n=\cos n\theta+i\sin n\theta, \tag{1}$$

对于复数 $z\neq 0$,n 为正整数,z^n 表示 n 个 z 的乘积,设 $z=r(\cos\theta+i\sin\theta)$,则

$$z^n=[r(\cos\theta+i\sin\theta)]^n=r^n(\cos n\theta+i\sin n\theta).$$

例 6 设 $(\sqrt{3}+i)^{10}=x+(y-\sqrt{3})i$,求实数 x 与 y.

解 由于 $\sqrt{3}+i=2\left(\dfrac{\sqrt{3}}{2}+\dfrac{1}{2}i\right)=2\left(\cos\dfrac{\pi}{6}+i\sin\dfrac{\pi}{6}\right)$,

则 $(\sqrt{3}+\mathrm{i})^{10}=\left[2\left(\cos\dfrac{\pi}{6}+\mathrm{i}\sin\dfrac{\pi}{6}\right)\right]^{10}=2^{10}\left(\cos\dfrac{5}{3}\pi+\mathrm{i}\sin\dfrac{5}{3}\pi\right)=512-512\sqrt{3}\mathrm{i}$,

所以 $512-512\sqrt{3}\mathrm{i}=x+(y-\sqrt{3})\mathrm{i}$.

根据复数相等的条件得 $x=512,y=-511\sqrt{3}$.

例 7　求 $(1+\mathrm{i})^{8}$.

解　$1+\mathrm{i}=\sqrt{2}\mathrm{e}^{\mathrm{i}\frac{\pi}{4}}$,故有
$$(1+\mathrm{i})^{8}=(\sqrt{2}\mathrm{e}^{\mathrm{i}\frac{\pi}{4}})^{8}=(\sqrt{2})^{8}\mathrm{e}^{(8\times\frac{\pi}{4})\mathrm{i}}=16\mathrm{e}^{\mathrm{i}2\pi}=16.$$

对于开方而言,开方是乘方的逆运算,n 为正整数,z 的 n 次方根记作 $z^{\frac{1}{n}}$. 为了讨论其取值,设 $w=z^{\frac{1}{n}}$,即有 $w^{n}=z$.

当 $z=0$ 时,显然有 $w=0$. 当 $z\neq0$ 时,给出 z,w 的三角表示以讨论二者的关系.
$$z=r(\cos\theta+\mathrm{i}\sin\theta),$$
$$w=\rho(\cos\varphi+\mathrm{i}\sin\varphi).$$

由 $w^{n}=z$ 得
$$\rho^{n}=r,n\varphi=\theta+2k\pi,k\in\mathbf{Z}.$$
则有
$$\rho=\sqrt[n]{r},\varphi=\frac{1}{n}(\theta+2k\pi),k\in\mathbf{Z}.$$

当 k 取值 $0,1,\cdots,n-1$ 时,得到 φ 的 n 个不同的值,且各值之间相差不是 2π 的整数倍. 所以开方 w 有 n 个不同的值,从而可表述为
$$w=\sqrt[n]{|z|}\left[\cos\left(\frac{\arg z+2k\pi}{n}\right)+\mathrm{i}\sin\left(\frac{\arg z+2k\pi}{n}\right)\right],k=0,1,\cdots,n-1.$$

在复平面上,一个复数的 n 次方根所生成的 n 个值(根),形成以原点为中心,$\sqrt[n]{r}$ 为半径的圆的内接正 n 边形的顶点,顶点到原点的距离都为 $\sqrt[n]{|z|}$,其中一个点的幅角为 $\frac{1}{n}\arg z$.

例 8　求 $\sqrt[4]{1+\mathrm{i}}$ 的所有值.

解 由于 $1+i=\sqrt{2}\left(\cos\frac{\pi}{4}+i\sin\frac{\pi}{4}\right)$，所以有

$$\sqrt[4]{1+i}=\sqrt[8]{2}\left[\cos\frac{1}{4}\left(\frac{\pi}{4}+2k\pi\right)+i\sin\frac{1}{4}\left(\frac{\pi}{4}+2k\pi\right)\right],$$

$$=\sqrt[8]{2}\left[\cos\left(\frac{\pi}{16}+\frac{k\pi}{2}\right)+i\sin\left(\frac{\pi}{16}+\frac{k\pi}{2}\right)\right],k=0,1,2,3.$$

即

$$w_0=\sqrt[8]{2}\left(\cos\frac{\pi}{16}+i\sin\frac{\pi}{16}\right),$$

$$w_1=\sqrt[8]{2}\left(\cos\frac{9\pi}{16}+i\sin\frac{9\pi}{16}\right),$$

$$w_2=\sqrt[8]{2}\left(\cos\frac{17\pi}{16}+i\sin\frac{17\pi}{16}\right),$$

$$w_3=\sqrt[8]{2}\left(\cos\frac{25\pi}{16}+i\sin\frac{25\pi}{16}\right).$$

§1.3 复变函数

1.3.1 平面点集、无穷大

平面点集是定义复变函数的基础，但有关平面点集的概念和定义已在先修课程高等数学中学习过，所以这里仅对所涉及的重复的概念作一个罗列，高等数学和复变函数中重复的平面点集概念有：邻域、开集、内点、外点、边界点、聚点、边界、有界集、无界集、区域、闭区域、有界区域、无界区域、单连通区域、复（多）连通区域等.这些概念出现在高等数学的二元函数及格林公式部分，同学们在学习时可参看相应知识点.

另外还有一些概念是复变数学所特有的：

设 $z=z(t)=x(t)+iy(t),(a\leqslant t\leqslant b)$，如果 $x(t)=\mathrm{Re}\,z(t)$ 和 $y(t)=\mathrm{Im}\,z(t)$ 都在闭区间 $[a,b]$ 上连续，则称点集 $\{z(t)|t\in[a,b]\}$ 为一条**连续曲线**.

如果对 $[a,b]$ 上任意不同两点 t_1 及 t_2，但不同时是 $[a,b]$ 的端点.若当 $t_1\neq t_2$ 而有 $z(t_1)=z(t_2)$ 时，点 $z(t_1)=z(t_2)$ 称为曲线 C 的**重点**.没有重点的连续

曲线 C 称为**简单连续曲线**或**约当曲线**. 若简单曲线的起点与终点重合,即 $z(a)=z(b)$,则曲线 C 称为**简单连续闭曲线**,或**约当闭曲线**.

　　约当定理:任意一条约当闭曲线把整个复平面分成两个没有公共点的区域:一个有界的称为该区域的内部,一个无界的称为该区域的外部. 它们都是以该闭曲线为边界.

　　如果 $x(t)=\mathrm{Re}z(t)$ 和 $y(t)=\mathrm{Im}z(t)$ 都在闭区间 $[a,b]$ 上连续,且有连续的导函数,在 $[a,b]$ 上, $z'(t)=x'(t)+\mathrm{i}y'(t)\neq0$,则称集合 $\{z(t)\,|\,t\in[a,b]\}$ 为**一条光滑曲线**;由有限条光滑曲线连接而成的连续曲线称为**分段光滑曲线**.

　　为了复数系统使用的方便,需要定义一个特殊的复数,即**无穷大**,记作 ∞,它由 $\infty=\dfrac{1}{0}$ 来定义. 对于复数 ∞ 而言,其模规定为 $+\infty$,即有 $|\infty|=+\infty$,而实部、虚部和幅角均没有意义. 对于其他的复数 z,都有 $|z|<+\infty$,称这些复数为**有限复数**.

　　无穷大与有限复数的四则运算定义为:

$$\infty+a=a+\infty=\infty;\infty-a=\infty;a-\infty=\infty;$$

$$\infty\cdot a=a\cdot\infty=\infty(a\neq0);\frac{a}{\infty}=0;\frac{\infty}{a}=\infty.$$

　　另外,下面这些运算是没有意义的

$$\infty\pm\infty,0\cdot\infty,\infty\cdot0,\frac{\infty}{\infty},\frac{0}{0}.$$

　　在复平面上是没有一点与 ∞ 对应的,但可以设想复平面上有一理想点与之对应,称此点为**无穷远点**. 复平面加无穷远点构成**扩充复平面**,扩充复平面上每一条直线都通过无穷远点.

1.3.2　复变函数

　　定义 1.3.1　设 D 是复平面上一个非空点集,若对于 D 中任意一个复数 z,按照某一法则 f,总有确定的(一个或多个)复数 w 与之对应,则称 w 是变量 z 的**复变函数**,记作 $w=f(z)$. 点集 D 称为函数 $f(z)$ 的**定义域**,点集 $D^*=\{w\,|\,w=f(z),z\in D\}$ 称为函数 $f(z)$ 的**值域**.

　　如果对于 D 内每一个复数 z,有唯一确定的复数 w 与之对应,则称函数

$w=f(z)$为 D 上的**单值函数**；如果对于 D 内每一个复数 z，有两个或两个以上的 w 与之对应，则称函数 $w=f(z)$为 D 上的**多值函数**. 若无特殊说明，后续所讨论的函数均为单值函数.

例如 $w=|z|$，$\omega=\bar{z}$，$w=z^2$ 都是单值函数；而 $w=\sqrt[n]{z}(z\neq0,n\geqslant2)$ 及 $w=\mathrm{Arg}\,z(z\neq0)$ 是多值函数.

复变函数 $w=f(z)$的定义类似于高等数学中实函数 $y=f(x)$的定义，不同的是前者 $w=f(z)$是复平面到复平面的映射，所以无法给出它的图形.

若令 $z=x+\mathrm{i}y$，$w=u+\mathrm{i}v$，则 u,v 皆随 x,y 而确定，因而 $w=f(z)$又常写成

$$w=u(x,y)+\mathrm{i}v(x,y), \tag{1}$$

其中 $u(x,y)$及 $v(x,y)$是二元实函数. 所以，一个复变函数 $w=f(z)$就相当于一对二元实函数，从而 $w=f(z)$的性质也就取决于 $u(x,y)$与 $v(x,y)$的性质.

例 1 把函数 $w=f(z)=z^2+2z$ 写成 $w=u(x,y)+\mathrm{i}v(x,y)$的形式.

解 设 $z=x+\mathrm{i}y$，则 $w=f(z)=(x+\mathrm{i}y)^2+2(x+\mathrm{i}y)=(x^2+2x-y^2)+\mathrm{i}(2xy+2y)$.

因此，$u(x,y)=x^2+2x-y^2$，$v(x,y)=2xy+2y$，

即 $w=f(z)=(x^2+2x-y^2)+\mathrm{i}(2xy+2y)$.

1.3.3 复变函数的极限与连续

定义 1.3.2 设函数 $w=f(z)$在集合 E 上确定，z_0 是 E 的一个聚点，A 是一个复常数. 对于任意给定的 $\varepsilon>0$，可以找到一个与 ε 有关的正数 $\delta(\varepsilon)>0$，使得当 $z\in E$，且 $0<|z-z_0|<\delta$ 时有

$$|f(z)-A|<\varepsilon,$$

则称 A 为函数 $f(z)$当 z 趋于 z_0 时的**极限**，记作

$$\lim_{z\to z_0,z\in E}f(z)=A \text{ 或 } f(z)\to A(z\to z_0).$$

复变函数在一点的极限可用两个二元实函数在一点的极限来讨论，即有

定理 1.3.1 设 $f(z)=u(x,y)+\mathrm{i}v(x,y)$，$A=u_0+\mathrm{i}v_0$，$z_0=x_0+\mathrm{i}y_0$，那么 $\lim\limits_{z\to z_0}f(z)=A$ 的充要条件是 $\lim\limits_{\substack{x\to x_0\\y\to y_0}}u(x,y)=u_0$，$\lim\limits_{\substack{x\to x_0\\y\to y_0}}v(x,y)=v_0$.

复变函数在一点的极限运算类似一元实函数在一点的极限来计算，

定理 1.3.2　若 $\lim\limits_{z \to z_0} f(z) = A, \lim\limits_{z \to z_0} g(z) = B$，则

(1) $\lim\limits_{z \to z_0} [f(z) \pm g(z)] = A \pm B$；

(2) $\lim\limits_{z \to z_0} f(z) g(z) = AB$；

(3) $\lim\limits_{z \to z_0} \dfrac{f(z)}{g(z)} = \dfrac{A}{B} (B \neq 0)$.

例 2　求函数 $f(z) = \dfrac{z^2 + 4}{z(z - 2i)}$ 当 $z \to 2i$ 时的极限.

解　　$\lim\limits_{z \to 2i} \dfrac{z^2 + 4}{z(z - 2i)} = \lim\limits_{z \to 2i} \dfrac{(z + 2i)(z - 2i)}{z(z - 2i)} = \lim\limits_{z \to 2i} \dfrac{z + 2i}{z} = 2.$

定义 1.3.3　如果 $\lim\limits_{z \to z_0} f(z) = f(z_0)$ 成立，则称 $f(z)$ 在 z_0 处**连续**；如果 $f(z)$ 在区域 E 中每一点连续，则称 $f(z)$ 在 E 内**连续**.

定理 1.3.3　如果 $f(z) = u(x, y) + iv(x, y)$，$z_0 = x_0 + iy_0$，$f(z)$ 在 z_0 处连续的充要条件为

$$\lim\limits_{x \to x_0, y \to y_0} u(x, y) = u(x_0, y_0), \quad \lim\limits_{x \to x_0, y \to y_0} v(x, y) = v(x_0, y_0).$$

例 3　研究下列函数在 $z = 0$ 处的连续性.

(1) $f(z) = \dfrac{\mathrm{Im}(z)}{1 + z \bar{z}}$；

(2) $f(z) = \begin{cases} \dfrac{z \mathrm{Re}(z)}{\bar{z}}, & z \neq 0, \\ 0, & z = 0. \end{cases}$

解　(1) $\lim\limits_{z \to 0} f(z) = \lim\limits_{r \to 0} \dfrac{r \sin\theta}{1 + re^{i\theta} re^{-i\theta}} = \lim\limits_{r \to 0} \dfrac{r \sin\theta}{1 + r^2} = 0$，又因为 $f(0) = 0$，故函数 $f(z)$ 在 $z = 0$ 点连续.

(2) $\lim\limits_{z \to 0} f(z) = \lim\limits_{r \to 0} \dfrac{re^{i\theta} r \cos\theta}{re^{-i\theta}} = \lim\limits_{r \to 0} re^{2i\theta} \cos\theta = 0$，又因为 $f(0) = 0$，故函数 $f(z)$ 在 $z = 0$ 点连续.

习题 1

1. 用复数的代数形式 $a+bi$ 表示下列复数.

(1) $e^{-\frac{\pi}{4}i}$；　　(2) $\dfrac{3+5i}{7i+1}$；　(3) $(2+i)(4+3i)$；　　(4) $\dfrac{1}{i}+\dfrac{3}{1+i}$.

2. 求下列各复数的实部和虚部($z=x+iy$).

(1) $\dfrac{z-a}{z+a}(a\in\mathbf{R})$；　(2) z^3；　　(3) $\left(\dfrac{-1+\sqrt{3}i}{2}\right)^3$；　　(4) i^n.

3. 求下列复数的模和共轭复数.

(1) $-2+i$；　　　(2) -3；　　(3) $(2+i)(3+2i)$；　　(4) $\dfrac{1+i}{2}$.

4. 证明：当且仅当 $z=\bar{z}$ 时，z 才是实数.

5. 设 $z,w\in C$，证明下列不等式.

(1) $|z+w|^2=|z|^2+2\mathrm{Re}(z\cdot\overline{w})+|w|^2$；

(2) $|z+w|^2+|z-w|^2=2(|z|^2+|w|^2)$.

式(2)即表示平行四边形两对角线平方的和等于各边的平方的和.

6. 将下列复数表示为指数形式.

(1) $\dfrac{3+5i}{7i+1}$；　　　(2) i；　　　(3) -1；

(4) $-8\pi(1+\sqrt{3}i)$；　　　　(5) $\left(\cos\dfrac{2\pi}{9}+i\sin\dfrac{2\pi}{9}\right)^3$.

7. 计算：(1) i 的三次根；(2) -1 的三次根；(3) $\sqrt{3}+\sqrt{3}i$ 的平方根.

8. 求下列极限.

(1) $\lim\limits_{z\to\infty}\dfrac{1}{1+z^2}$；　　　　(2) $\lim\limits_{z\to0}\dfrac{\mathrm{Re}(z)}{z}$；

(3) $\lim\limits_{z\to i}\dfrac{z-i}{z(1+z^2)}$；　　　　(4) $\lim\limits_{z\to1}\dfrac{z\bar{z}+2z-\bar{z}-2}{z^2-1}$.

9. 讨论下列函数的连续性.

(1) $f(z) = \begin{cases} \dfrac{xy}{x^2+y^2}, & z \neq 0, \\ 0, & z = 0. \end{cases}$ (2) $f(z) = \begin{cases} \dfrac{x^3y}{x^4+y^2}, & z \neq 0, \\ 0, & z = 0. \end{cases}$

第二章　解析函数

　　解析函数是复变函数研究的主要对象,在理论和实际问题中有着广泛的应用.本章主要介绍了解析函数、调和函数的概念、解析函数和调和函数的关系,以及一些常用的初等函数.

§2.1　解析函数

2.1.1　复变函数的导数

　　定义 2.1.1　设函数 $\omega = f(z)$ 的定义域为 D,$f(z)$ 在点 z_0 的某邻域 $U(z_0)$ 内有定义,$U(z_0) \subset D$,$z_0 + \Delta z$ 为邻域内任一点,若极限

$$\lim_{\Delta z \to 0} \frac{f(z_0 + \Delta z) - f(z_0)}{\Delta z}$$

存在,则称函数 $f(z)$ 在 z_0 处可导,该极限值为函数 $f(z)$ 在点 z_0 的**导数**,记作

$$f'(z_0) = \lim_{\Delta z \to 0} \frac{f(z_0 + \Delta z) - f(z_0)}{\Delta z},$$

$f(z)$ 在点 z_0 处导数的等价定义为

$$f'(z_0) = \lim_{z \to z_0} \frac{f(z) - f(z_0)}{z - z_0},$$

$f(z)$ 在任意点 z 处的导数为

$$f'(z) = \lim_{h \to 0} \frac{f(z+h) - f(z)}{h}.$$

　　例 1　利用导数定义求 $f(z) = z^2$ 的导数.

　　解　$f'(z) = \lim_{\Delta z \to 0} \dfrac{f(z + \Delta z) - f(z)}{\Delta z} = \lim_{\Delta z \to 0} \dfrac{(z + \Delta z)^2 - z^2}{\Delta z}$

$$=\lim_{\Delta z \to 0}(2z+\Delta z)=2z.$$

例 2 设 $f(z)=\operatorname{Re}z$,证明 $f(z)$ 在全平面处处不可导.

证 对于任一点 z_0,

$$\frac{f(z)-f(z_0)}{z-z_0}=\frac{\operatorname{Re}z-\operatorname{Re}z_0}{z-z_0}=\frac{\operatorname{Re}(z-z_0)}{\operatorname{Re}(z-z_0)+i\operatorname{Im}(z-z_0)}$$

取 $\operatorname{Re}(z-z_0)=\operatorname{Im}(z-z_0)$,则上式恒等于 $\frac{1}{1+i}=\frac{1}{2}(1-i)$;取 $\operatorname{Re}(z-z_0)=-\operatorname{Im}(z-z_0)$,则上式恒等于 $\frac{1}{1-i}=\frac{1}{2}(1+i)$. 所以当 $z\to z_0$ 时,极限不存在. 再由 z_0 的任意性,所以 $f(z)$ 在全平面处处不可导.

2.1.2 解析函数及求导法则

定义 2.1.2 如果函数 $f(z)$ 在点 z_0 及 z_0 的某邻域内处处可导,那么称 $f(z)$ 在点 z_0 处**解析**;如果 $f(z)$ 在点 z_0 处不解析,那么称点 z_0 为函数 $f(z)$ 的**奇点**;如果 $f(z)$ 在区域 D 内每一点解析,那么称 $f(z)$ 在 D **内解析**,即 $f(z)$ 为 D 内的**解析函数**.

由定义 2.1.2 可知,$f(z)$ 在区域 D 内解析等价于 $f(z)$ 在区域 D 内可导. 而 $f(z)$ 在 z_0 处解析等价于 $f(z)$ 在 z_0 的某个邻域内处处可导,即在 z_0 处解析可推导出在 z_0 处可导,反之不成立.

例 3 讨论函数 $w=\frac{1}{z}$ 的解析性.

解 因为 w 在复平面内除点 $z=0$ 外处处可导,且 $w'=\frac{-1}{z^2}$,所以在除点 $z=0$ 外的复平面内,函数 $w=\frac{1}{z}$ 处处解析,而点 $z=0$ 是它的奇点.

例 4 讨论函数 $f(z)=z^2$ 的解析性.

解 因为 $f(z)$ 在复平面内处处可导,且 $f'(z)=2z$,所以 $f(z)=z^2$ 整个复平面内处处解析.

由于复变函数中导数的定义与微积分中导数的定义相似,所以它们的求导法则在形式上是一致的.

设 $f(z)$ 与 $g(z)$ 在区域 D 内可导,则有

(1) $[f(z)\pm g(z)]'=f'(z)\pm g'(z)$;

(2) $[f(z)g(z)]'=f'(z)g(z)+f(z)g'(z)$;

(3) $\left[\dfrac{f(z)}{g(z)}\right]'=\dfrac{f'(z)g(z)-f(z)g'(z)}{g^2(z)},g(z)\neq0$;

(4) $\{f[g(z)]\}'=f'(\omega)\cdot g'(z)$,其中 $\omega=g(z)$;

(5) $f'(z)=\dfrac{1}{\varphi'(\omega)}$,其中 $\omega=f(z)$ 与 $z=\varphi(\omega)$ 是两个互为反函数的单值函数,且 $\varphi'(\omega)\neq0$.

根据求导法则,可以得到如下一些结论:

解析函数的和、差、积、商(除分母为零的点)仍为解析函数;解析函数的复合函数仍为解析函数.

(1) 如果 $f(z)\equiv a$(复常数),那么 $\dfrac{\mathrm{d}f(z)}{\mathrm{d}z}=0$;

(2) $\dfrac{\mathrm{d}z}{\mathrm{d}z}=1,\dfrac{\mathrm{d}z^n}{\mathrm{d}z}=nz^{n-1}$;

(3) z 的任何多项式 $P(z)=a_0z^n+a_1z^{n-1}+\cdots+a_n$ 在整个复平面解析,并且有 $P'(z)=na_0z^{n-1}+(n-1)a_1z^{n-2}+\cdots+a_{n-1}$;

(4) 在复平面上,任何有理函数

$$R(z)=\frac{a_0z^n+a_1z^{n-1}+\cdots+a_n}{b_0z^m+b_1z^{m-1}+\cdots+b_m}$$

在除去使分母为零的点外是解析的,它的导数的求法与 z 是实变量时相同.

例5 下列函数在何处可导? 并求其导数.

(1) $f(z)=(z-1)^n$ (n 为正整数);　　(2) $f(z)=\dfrac{z+2}{(z+1)(z^2+1)}$.

解 (1) 因为 n 为正整数,所以 $f(z)$ 在整个复平面上可导. 且有

$$f'(z)=n(z-1)^{n-1}.$$

(2) 因为 $f(z)$ 为有理函数,所以 $f(z)$ 在 $(z+1)(z^2+1)=0$ 处不可导. 从而 $f(z)$ 除 $z=-1,z=\pm i$ 外可导. 且有

$$f'(z)=\frac{(z+2)'(z+1)(z^2+1)-(z+2)\big[(z+1)(z^2+1)\big]'}{(z+1)^2\,(z^2+1)^2}$$

$$=\frac{-2z^3-7z^2-4z-1}{(z+1)^2\,(z^2+1)^2}.$$

2.1.3　函数可导与解析的充要条件

定理 2.1.1　设函数 $f(z)=u(x,y)+iv(x,y)$ 定义在区域 D 内,则 $f(z)$ 在 D 内一点 $z=x+iy$ 可导的充要条件是:$u(x,y)$ 与 $v(x,y)$ 在点 (x,y) 可微,并且在该点满足**柯西-黎曼方程**(Cauchy-Riemann,简称 C‑R 方程):

$$\frac{\partial u}{\partial x}=\frac{\partial v}{\partial y},\frac{\partial u}{\partial y}=-\frac{\partial v}{\partial x}.$$

且有

$$f'(z)=\frac{\partial u}{\partial x}+i\frac{\partial v}{\partial x}=\frac{\partial v}{\partial y}-i\frac{\partial u}{\partial y}$$

$$=\frac{\partial u}{\partial x}-i\frac{\partial u}{\partial y}=\frac{\partial v}{\partial y}+i\frac{\partial v}{\partial x}.$$

(证明从略)

定理 2.1.2　设函数 $f(z)=u(x,y)+iv(x,y)$ 在区域 D 内有定义,则 $f(z)$ 在 D 内解析的充要条件是:$u(x,y)$ 与 $v(x,y)$ 在 D 内处处可微,并且满足柯西-黎曼方程:

$$\frac{\partial u}{\partial x}=\frac{\partial v}{\partial y},\frac{\partial u}{\partial y}=-\frac{\partial v}{\partial x}.$$

(证明从略)

推论　若 $u(x,y),v(x,y)$ 在区域 D 内具有一阶连续偏导数,则 $u(x,y)$,$v(x,y)$ 在区域 D 内是可微的.因此在使用充要条件证明时,只要能说明 u,v 具有一阶连续偏导且满足 C‑R 条件,函数 $f(z)=u+iv$ 一定是可导或解析的.

例 6　试证函数 $f(z)=z^3+z^2+1$ 在复平面解析.

证　令 $f(z)=u+iv,z=x+iy$,得

$$u=x^3-3xy^2+x^2-y^2+1,v=3x^2y-y^3+2xy.$$

因为 $\dfrac{\partial u}{\partial x}=3x^2-3y^2+2x;\dfrac{\partial v}{\partial y}=3x^2-3y^2+2x;\dfrac{\partial u}{\partial y}=-6xy-2y;\dfrac{\partial v}{\partial x}=6xy+2y,$

所以 $\dfrac{\partial u}{\partial x}=\dfrac{\partial v}{\partial y},\dfrac{\partial u}{\partial y}=-\dfrac{\partial v}{\partial x}.$

利用解析函数的充要条件,可得 $f(z)$ 在复平面内处处解析.

例7 试判断下列函数的可导性与解析性.

(1) $f(z)=xy^2+\mathrm{i}x^2y$;　(2) $f(z)=x^2+\mathrm{i}y^2$.

解 (1) $u(x,y)=xy^2,v(x,y)=x^2y$ 在全平面上可微.

$$\frac{\partial u}{\partial x}=y^2,\quad \frac{\partial u}{\partial y}=2xy,\quad \frac{\partial v}{\partial x}=2xy,\quad \frac{\partial v}{\partial y}=x^2,$$

所以要使得

$$\frac{\partial u}{\partial x}=\frac{\partial v}{\partial y},\frac{\partial u}{\partial y}=-\frac{\partial v}{\partial x}.$$

只有当 $z=0$ 时上式成立,从而 $f(z)$ 在 $z=0$ 处可导,在全平面上不解析.

(2) $u(x,y)=x^2,v(x,y)=y^2$ 在全平面上可微.

$$\frac{\partial u}{\partial x}=2x,\frac{\partial u}{\partial y}=0,\frac{\partial v}{\partial x}=0,\frac{\partial v}{\partial y}=2y,$$

只有当 $x=y$ 时,有 $\dfrac{\partial u}{\partial x}=\dfrac{\partial v}{\partial y},\dfrac{\partial u}{\partial y}=-\dfrac{\partial v}{\partial y}.$ 所以 $f(z)$ 在 $x=y$ 处可导,在全平面上不解析.

例8 证明区域 D 内满足下列条件之一的解析函数 $f(z)$ 必为常数.

(1) $f'(z)=0$;　(2) $\overline{f(z)}$ 解析.

证 (1) 因为 $f'(z)=0$,所以 $\dfrac{\partial u}{\partial x}=\dfrac{\partial u}{\partial y}=0,\dfrac{\partial v}{\partial x}=\dfrac{\partial v}{\partial y}=0.$

所以 u,v 为常数,于是 $f(z)$ 为常数.

(2) 设 $\overline{f(z)}=u-\mathrm{i}v$ 在 D 内解析,则

$$\frac{\partial u}{\partial x}=\frac{\partial(-v)}{\partial y}\Rightarrow\frac{\partial u}{\partial x}=-\frac{\partial v}{\partial y};\frac{\partial u}{\partial y}=\frac{-\partial(-v)}{\partial x}\Rightarrow\frac{\partial u}{\partial y}=\frac{\partial v}{\partial x}$$

$$\frac{\partial u}{\partial x}=-\frac{\partial v}{\partial v},\quad \frac{\partial u}{\partial v}=\frac{\partial v}{\partial x}$$

而 $f(z)$ 为解析函数，所以 $\dfrac{\partial u}{\partial x}=\dfrac{\partial v}{\partial y}$，$\dfrac{\partial u}{\partial y}=-\dfrac{\partial v}{\partial x}$. 从而有 $\dfrac{\partial v}{\partial x}=-\dfrac{\partial v}{\partial x}$，$\dfrac{\partial v}{\partial y}=$ $-\dfrac{\partial v}{\partial y}$，即

$$\frac{\partial u}{\partial x}=\frac{\partial u}{\partial y}=\frac{\partial v}{\partial x}=\frac{\partial v}{\partial y}=0.$$

所以 u,v 为常数，于是 $f(z)$ 为常数.

例 9 设函数 $f(z)=my^3+nx^2y+\mathrm{i}(x^3+lxy^2)$ 在复平面上解析，求 m,n, l 的值.

解 因为 $f(z)$ 解析，从而满足 C‑R 条件.

$u(x,y)=my^3+nx^2y$，$v(x,y)=x^3+lxy^2$ 在全平面上可微.

$$\frac{\partial u}{\partial x}=2nxy,\frac{\partial u}{\partial y}=3my^2+nx^2,\frac{\partial v}{\partial x}=3x^2+ly^2,\frac{\partial v}{\partial y}=2lxy,$$

则有

$$\frac{\partial u}{\partial x}=\frac{\partial v}{\partial y}\Rightarrow n=l,$$

$$\frac{\partial u}{\partial y}=-\frac{\partial v}{\partial x}\Rightarrow n=-3,l=-3m,$$

所以 $n=-3,l=-3,m=1$.

§2.2 调和函数

2.2.1 调和函数及共轭调和函数

定义 2.2.1 如果二元实变函数 $\varphi(x,y)$ 在区域 D 内有二阶连续偏导数，且满足二维拉普拉斯方程

$$\frac{\partial^2\varphi}{\partial x^2}+\frac{\partial^2\varphi}{\partial y^2}=0,\text{即 }\Delta\varphi=0,$$

则称 $\varphi(x,y)$ 为区域 D 内的**调和函数**或称函数 $\varphi(x,y)$ 在区域 D 内调和. 记 $\Delta=\dfrac{\partial^2}{\partial x^2}+\dfrac{\partial^2}{\partial y^2}$，则 Δ 为运算符号，称为**拉普拉斯算子**.

例1 设 $u(x,y)=x^2-y^2$，证明 $u(x,y)$ 为调和函数.

证 由于 $\dfrac{\partial^2 u}{\partial x^2}+\dfrac{\partial^2 u}{\partial y^2}=2+(-2)=0$，

所以 $u(x,y)=x^2-y^2$ 是调和函数.

定理 2.2.1 若函数 $f(z)=u(x,y)+\mathrm{i}v(x,y)$ 在区域 D 内解析,则其实部 $u(x,y)$ 及虚部 $v(x,y)$ 均为区域 D 内的调和函数.

证 由 $f(z)$ 在 D 内解析知

$$\frac{\partial u}{\partial x}=\frac{\partial v}{\partial y},\frac{\partial u}{\partial y}=-\frac{\partial v}{\partial x}.$$

根据解析函数的导数仍是解析函数,因此 $u(x,y),v(x,y)$ 具有任意阶的连续偏导数,上述两式分别关于 x,y 求导

$$\frac{\partial^2 u}{\partial x^2}=\frac{\partial^2 v}{\partial y \partial x},\frac{\partial^2 u}{\partial y^2}=-\frac{\partial^2 v}{\partial x \partial y}.$$

再由 $\dfrac{\partial^2 v}{\partial y \partial x},\dfrac{\partial^2 v}{\partial x \partial y}$ 的连续性知 $\dfrac{\partial^2 v}{\partial y \partial x}=\dfrac{\partial^2 v}{\partial x \partial y}$，得

$$\frac{\partial^2 u}{\partial x^2}+\frac{\partial^2 u}{\partial y^2}=0.$$

同理

$$\frac{\partial^2 v}{\partial x^2}+\frac{\partial^2 v}{\partial y^2}=0,$$

即 $u(x,y)$ 和 $v(x,y)$ 满足拉普拉斯方程.

注 本定理反过来是不成立的,即若 $u(x,y)$ 和 $v(x,y)$ 都是区域 D 内的调和函数,但 $f(z)=u+\mathrm{i}v$ 并不一定在区域 D 内解析,因为 $u(x,y)$ 和 $v(x,y)$ 并不一定满足 C-R 方程.

定义 2.2.2 两个调和函数 $u(x,y)$ 和 $v(x,y)$,在区域 D 内满足 C-R 方程:

$$\frac{\partial u}{\partial x}=\frac{\partial v}{\partial y},\frac{\partial u}{\partial y}=-\frac{\partial v}{\partial x},$$

则称 $v(x,y)$ 为 $u(x,y)$ 的**共轭调和函数**.

注 $v(x,y)$ 为 $u(x,y)$ 的共轭调和函数,但 $u(x,y)$ 并不一定为 $v(x,y)$ 的共轭调和函数,当且仅当 $u(x,y)$ 和 $v(x,y)$ 都为常数时,它们才互为共轭.

定理 2.2.2 若函数 $f(z)=u(x,y)+iv(x,y)$ 在区域 D 内解析的充要条件是在区域 D 内 $v(x,y)$ 为 $u(x,y)$ 的共轭调和函数.

(证明从略)

2.2.2 利用解析函数的实(虚)部求虚(实)部

1. 线积分法

定理 2.2.3 设 $u(x,y)$ 是在单连通区域 D 内的调和函数,则存在

$$v(x,y) = \int_{(x_0,y_0)}^{(x,y)} -\frac{\partial u}{\partial y}\mathrm{d}x + \frac{\partial u}{\partial x}\mathrm{d}y + C,$$

使 $f(z)=u(x,y)+iv(x,y)$ 是 D 内的解析函数.(其中 (x_0,y_0) 是 D 内定点,(x,y) 是 D 内动点,C 为任意常数,积分与路径无关)

证 要使 $f(z)=u(x,y)+iv(x,y)$ 成为解析函数,则 $u(x,y)$ 和 $v(x,y)$ 必须满足条件

$$\frac{\partial u}{\partial x}=\frac{\partial v}{\partial y},\frac{\partial u}{\partial y}=-\frac{\partial v}{\partial x},$$

又 $\mathrm{d}v(x,y)=\frac{\partial v}{\partial x}\mathrm{d}x+\frac{\partial v}{\partial y}\mathrm{d}y$,故 $\mathrm{d}v(x,y)=-\frac{\partial u}{\partial y}\mathrm{d}x+\frac{\partial u}{\partial x}\mathrm{d}y$,又 $u(x,y)$ 为调和函数,故积分与路径无关,从而有

$$v(x,y) = \int_{(x_0,y_0)}^{(x,y)} -\frac{\partial u}{\partial y}\mathrm{d}x + \frac{\partial u}{\partial x}\mathrm{d}y + C.$$

2. 偏积分法

由 $\frac{\partial v}{\partial y}=\frac{\partial u}{\partial x}$,两边对 y 求积分,

$$v(x,y)=F(x,y)+\varphi(x),$$

其中 $F(x,y) = \int \frac{\partial u}{\partial x}\mathrm{d}y.$

然后两边同时求 x 的偏导,从而有

$$\frac{\partial v(x,y)}{\partial x}=\frac{\partial F(x,y)}{\partial x}+\frac{\mathrm{d}\varphi(x)}{\mathrm{d}x},$$

由 C - R 条件 $\dfrac{\partial u}{\partial y} = -\dfrac{\partial v}{\partial x}$ 得

$$\frac{\partial u}{\partial y} = -\frac{\partial v(x,y)}{\partial x} = -\left[\frac{\partial F(x,y)}{\partial x} + \frac{\mathrm{d}\varphi(x)}{\mathrm{d}x}\right]$$

两边对 x 求积分求得 $\varphi(x)$ 的表达式,从而解得

$$v(x,y) = F(x,y) + \varphi(x).$$

3. 不定积分法

设 $\dfrac{\mathrm{d}f(z)}{\mathrm{d}z} = \dfrac{\partial u}{\partial x} - \mathrm{i}\dfrac{\partial u}{\partial y} = g(z)$,两边对 z 求积分,

$$f(z) = \int g(z)\mathrm{d}z + C.$$

例 2 验证 $u(x,y) = x^3 - 3xy^2$ 是复平面上的调和函数,并求以 $u(x,y)$ 为实部的解析函数 $f(z) = u(x,y) + \mathrm{i}v(x,y)$,使 $f(0) = \mathrm{i}$.

解法 1(线积分法):

$$\frac{\partial u}{\partial x} = 3x^2 - 3y^2, \frac{\partial u}{\partial y} = -6xy, \frac{\partial^2 u}{\partial x^2} = 6x, \frac{\partial^2 u}{\partial y^2} = -6x,$$

有 $\dfrac{\partial^2 u}{\partial x^2} + \dfrac{\partial^2 u}{\partial y^2} = 0$,故 $u(x,y)$ 在复平面上为调和函数.

由 C - R 方程,有 $\dfrac{\partial u}{\partial x} = \dfrac{\partial v}{\partial y}, \dfrac{\partial u}{\partial y} = -\dfrac{\partial v}{\partial x}$,

故

$$\mathrm{d}v(x,y) = 6xy\mathrm{d}x + (3x^2 - 3y^2)\mathrm{d}y,$$

两边求积分得

$$v(x,y) = \int_{(0,0)}^{(x,y)} 6xy\mathrm{d}x + (3x^2 - 3y^2)\mathrm{d}y + C$$

$$= \int_{(0,0)}^{(x,0)} 6xy\mathrm{d}x + (3x^2 - 3y^2)\mathrm{d}y + \int_{(x,0)}^{(x,y)} 6xy\mathrm{d}x + (3x^2 - 3y^2)\mathrm{d}y + C$$

$$= 3x^2 y - y^3 + C,$$

故

$$f(z) = u(x,y) + \mathrm{i}v(x,y) = x^3 - 3xy^2 + \mathrm{i}(3x^2 y - y^3 + C) = z^3 + \mathrm{i}C,$$

要使 $f(0) = \mathrm{i}$,则必有 $C = 1$,故

$$f(z)=z^3+\mathrm{i}.$$

解法 2(偏积分法)：

由 $\dfrac{\partial v}{\partial x}=-\dfrac{\partial u}{\partial y}=6xy$，得

$$v(x,y)=\int 6xy\,\mathrm{d}x=3x^2y+g(y),$$

再由 $\dfrac{\partial v}{\partial y}=\dfrac{\partial u}{\partial x}$ 得

$$3x^2+g'(y)=3x^2-3y^2,$$

故

$$g'(y)=-3y^2,g(y)=-y^3+C,$$

从而

$$v(x,y)=3x^2y-y^3+C,$$

因此

$$f(z)=x^3-3xy^2+\mathrm{i}(3x^2y-y^3+C)=z^3+\mathrm{i}C,$$

要使得 $f(0)=\mathrm{i}$，则必有 $C=1$，故

$$f(z)=z^3+\mathrm{i}.$$

解法 3(不定积分法)：

$$\frac{\mathrm{d}f(z)}{\mathrm{d}z}=\frac{\partial u}{\partial x}-\mathrm{i}\frac{\partial u}{\partial y}=(3x^2-3y^2)+\mathrm{i}6xy=3z^2,$$

所以有

$$f(z)=\int 3z^2\,\mathrm{d}z+C=z^3+C,$$

又 $f(0)=\mathrm{i}$，所以 $C=\mathrm{i}$，则

$$f(z)=z^3+\mathrm{i}.$$

例 3 验证 $v(x,y)=\arctan\dfrac{y}{x}\ (x>0)$ 在右半平面内是调和函数，并求以此为虚部的解析函数 $f(z)$．

解 (1) $\dfrac{\partial v}{\partial x}=-\dfrac{y}{x^2+y^2}$，$\dfrac{\partial v}{\partial y}=\dfrac{x}{x^2+y^2}\ (x>0)$，

$$\frac{\partial^2 v}{\partial x^2}=\frac{2xy}{(x^2+y^2)^2},\frac{\partial^2 v}{\partial y^2}=-\frac{2xy}{(x^2+y^2)^2},$$

故 $\dfrac{\partial^2 v}{\partial x^2}+\dfrac{\partial^2 v}{\partial y^2}=0$，即 $v(x,y)$ 在右半平面内是调和函数.

(2) 由 $\dfrac{\partial u}{\partial x}=\dfrac{\partial v}{\partial y}$ 得

$$u(x,y)=\int\frac{\partial v}{\partial y}\mathrm{d}x+\varphi(y)=\int\frac{x}{x^2+y^2}\mathrm{d}x+\varphi(y)$$

$$=\frac{1}{2}\ln(x^2+y^2)+\varphi(y),$$

又 $$\frac{\partial u}{\partial y}=\frac{y}{x^2+y^2}+\frac{\mathrm{d}\varphi(y)}{\mathrm{d}y}=-\frac{\partial v}{\partial x}=\frac{y}{x^2+y^2},$$

故 $\dfrac{\mathrm{d}\varphi(y)}{\mathrm{d}y}=0$，于是 $\varphi(y)=C$，所以

$$u(x,y)=\frac{1}{2}\ln(x^2+y^2)+C$$

从而有

$$f(z)=\frac{1}{2}\ln(x^2+y^2)+C+\mathrm{i}\arctan\frac{y}{x}\ (x>0)$$

例 4 设函数 $u(x,y)=x^2-2xy-y^2$，试求以 $u(x,y)$ 为实部的解析函数 $f(z)=u(x,y)+\mathrm{i}v(x,y)$，使得 $f(0)=\mathrm{i}$.

解 依 C - R 条件有 $\dfrac{\partial v}{\partial y}=\dfrac{\partial u}{\partial x}=2x-2y,$

于是

$$v=\int(2x-2y)\mathrm{d}y+\varphi(x)=2xy-y^2+\varphi(x),$$

由此得

$$\frac{\partial v}{\partial x}=2y+\frac{\mathrm{d}\varphi(x)}{\mathrm{d}x}=-\frac{\partial u}{\partial y}=2x+2y,$$

由此得

$$\varphi'(x)=2x,$$

从而有

$$\varphi(x) = x^2 + C,$$

因此

$$v(x, y) = 2xy - y^2 + x^2 + C (C\text{ 为任意常数}),$$

故得

$$f(z) = (x^2 - 2xy - y^2) + i(2xy - y^2 + x^2 + C)$$
$$= (1+i)z^2 + iC,$$

要使得 $f(0) = i$,则必有 $C = 1$,从而有

$$f(z) = (1+i)z^2 + i.$$

§2.3 初等函数

2.3.1 指数函数

定义 2.3.1 对于任何复数 $z = x + iy$,称 $w = e^z = e^{x+iy} = e^x(\cos y + i\sin y)$ 为**指数函数**. 特别地,当 $x = 0$ 时,得欧拉公式 $e^{iy} = \cos y + i\sin y$.

指数函数 e^z 有如下性质:

(1) 当 $y = 0$ 时,$z = x$ 与实指数函数是一致的;

(2) $|e^z| = e^x > 0$;$\text{Arg } e^z = y + 2k\pi, k \in \mathbf{Z}$;$e^z \neq 0$;

(3) e^z 在复平面上解析,且 $(e^z)' = e^z$;

(4) $e^{z_1} e^{z_2} = e^{z_1 + z_2}$;

(5) e^z 是以 $2k\pi i (k = \pm 1, \pm 2, \cdots)$ 为周期的周期函数;

(6) 极限 $\lim\limits_{z \to \infty} e^z$ 不存在,即无意义.

例 1 计算 $e^{-3 + \frac{\pi}{4}i}$ 的值.

解 $e^{-3 + \frac{\pi}{4}i} = e^{-3} \cdot e^{\frac{\pi}{4}i} = e^{-3}\left(\cos\frac{\pi}{4} + i\sin\frac{\pi}{4}\right)$

$$= e^{-3}\left(\frac{\sqrt{2}}{2} + \frac{\sqrt{2}}{2}i\right) = \frac{\sqrt{2}}{2}e^{-3} + \frac{\sqrt{2}}{2}e^{-3}i.$$

2.3.2 对数函数

定义 2.3.2 把满足方程 $e^w = z (z \neq 0)$ 的函数 $w = f(z)$ 称为**对数函数**,记

作 $w = \mathrm{Ln}\,z$.

对数函数是指数函数的反函数,下面推导 $w = \mathrm{Ln}\,z$ 的具体表达式.

设 $w = u + iv, z = re^{i\theta}$,那么

$$e^{u+iv} = re^{i\theta},$$

所以有

$$u = \ln r = \ln|z|, v = \theta + 2k\pi(k \text{ 为整数}),$$

从而

$$\mathrm{Ln}\,z = \ln|z| + i\mathrm{Arg}\,z.$$

(1) 由于 $\mathrm{Arg}\,z$ 是多值函数,所以对数函数 $\mathrm{Ln}\,z$ 是一个多值函数,并且每两个值相差 $2\pi i$ 的整数倍;

(2) 如果 $\mathrm{Arg}\,z$ 取主值 $\arg z$,则 $\mathrm{Ln}\,z$ 便是一个单值函数,记为 $\ln z$,称为 $\mathrm{Ln}\,z$ 的主值,即 $\ln z = \ln|z| + i\arg z$,于是对数函数又可以表示为

$$\mathrm{Ln}\,z = \ln z + 2k\pi i(k \in \mathbf{Z}).$$

对数函数 $\mathrm{Ln}\,z$ 有如下性质:

(1) 当 $z = x > 0$ 时,$\ln z = \ln x$ 即为实函数中的对数函数;

(2) $\mathrm{Ln}(z_1 z_2) = \mathrm{Ln}\,z_1 + \mathrm{Ln}\,z_2, \mathrm{Ln}\dfrac{z_1}{z_2} = \mathrm{Ln}\,z_1 - \mathrm{Ln}\,z_2$;

注 上述等式应理解为集合意义上的等式.另外,这个运算性质对对数主值不再成立.

(3) $\ln z$ 在除去原点及负实轴的平面内解析,且 $(\ln z)' = \dfrac{1}{z}$. 又因为 $\mathrm{Ln}\,z = \ln z + 2k\pi i(k \in \mathbf{Z})$,所以 $\mathrm{Ln}\,z$ 的各个分支在除去原点及负实轴的平面内解析,且有相同的导数值.

注 以后涉及对数函数 $\mathrm{Ln}\,z$ 时,指的都是除去原点及负实轴的平面内的某一单值分支.

例 2 计算 $\mathrm{Ln}(1+i)$.

解 $\mathrm{Ln}(1+i) = \ln|1+i| + i\mathrm{Arg}(1+i) = \ln\sqrt{2} + i\left(2k\pi + \dfrac{\pi}{4}\right)(k \in \mathbf{Z})$.

例 3 计算 $\mathrm{Ln}(-1)$.

解　$\mathrm{Ln}(-1)=\ln|-1|+\mathrm{i}\mathrm{Arg}(-1)=(2k+1)\pi\mathrm{i}(k\in\mathbf{Z})$.

例 4　求解方程 $z-\mathrm{Ln}(1-\mathrm{i})=0$.

解　因为 $z-\mathrm{Ln}(1-\mathrm{i})=0$

所以 $z=\mathrm{Ln}(1-\mathrm{i})=\ln|1-\mathrm{i}|+\mathrm{i}\left(-\dfrac{\pi}{4}+2k\pi\right)=\ln\sqrt{2}+\left(2k-\dfrac{1}{4}\right)\pi\mathrm{i}(k\in\mathbf{Z})$.

2.3.3　幂函数

定义 2.3.3　设 z 为不等于零的复数，α 为任意复常数，函数 $w=z^{\alpha}=\mathrm{e}^{\alpha\mathrm{Ln}z}$ $(z\neq0)$ 称为复变量 z 的**幂函数**.

由于 $\mathrm{Ln}\,z$ 为多值函数，所以幂函数 $w=z^{\alpha}$ 一般也为多值函数.

1. 当 α 为整数时，$w=z^{\alpha}=\mathrm{e}^{\alpha\mathrm{Ln}z}=\mathrm{e}^{\alpha[\ln|z|+\mathrm{i}(\arg z+2k\pi)]}=|z|^{\alpha}\mathrm{e}^{\mathrm{i}\alpha\arg z}\,(k\in\mathbf{Z})$ 是单值的. 并且当 α 为正整数和零时，z^{α} 为整个复平面上的解析函数；当 α 为负整数时，z^{α} 在除去原点外的复平面上解析.

2. 如果 α 为有理数 $\dfrac{p}{q}$ 时，$z^{\alpha}=z^{\frac{p}{q}}=\mathrm{e}^{\frac{p}{q}\mathrm{Ln}z}=\mathrm{e}^{\frac{p}{q}\ln|z|+\frac{p}{q}(\arg z+2k\pi)}\,(k\in\mathbf{Z})$ 有 q 个不同的值，即当 $k=0,1,2,\cdots,q-1$ 时所对应的 z^{α} 值. z^{α} 的各个分支在除去原点及负实轴的复平面内解析.

3. 如果 α 为无理数或复数时，z^{α} 为无穷多个值. z^{α} 的各分支在除去原点及负实轴的复平面内解析.

不论 α 为以上何种情况，在解析点上统一有

$$(z^{\alpha})'=(\mathrm{e}^{\alpha\mathrm{Ln}z})'=\frac{\alpha}{z}\mathrm{e}^{\alpha\mathrm{Ln}z}=\alpha z^{\alpha-1},$$

其中，$\mathrm{Ln}\,z$ 应理解为与 z^{α} 相对应的某个单值支.

例 5　计算 $5^{1+\mathrm{i}}$ 的值.

解　$5^{(1+\mathrm{i})}=\mathrm{e}^{(1+\mathrm{i})\mathrm{Ln}5}$

$\qquad=\mathrm{e}^{(1+\mathrm{i})(\ln5+2k\pi\mathrm{i})}$

$\qquad=\mathrm{e}^{(\ln5-2k\pi)+\mathrm{i}(\ln5+2k\pi)}$

$\qquad=5\mathrm{e}^{-2k\pi}\big[\cos(\ln5+2k\pi)+\mathrm{i}\sin(\ln5+2k\pi)\big]\,(k\in\mathbf{Z})$.

例 6　计算 i^{i} 的值.

解　$\mathrm{i}^{\mathrm{i}}=\mathrm{e}^{\mathrm{i}\mathrm{Ln}\mathrm{i}}=\mathrm{e}^{\mathrm{i}[\ln|\mathrm{i}|+\mathrm{i}(\arg\mathrm{i}+2k\pi)]}=\mathrm{e}^{\mathrm{i}\left(\ln1+\frac{\pi}{2}\mathrm{i}+2k\pi\mathrm{i}\right)}=\mathrm{e}^{-\frac{\pi}{2}-2k\pi}\,(k\in\mathbf{Z})$.

例 7　计算下列各值.

(1) $(1+i)^{1-i}$;　　　　　　　　　　　(2) $(-3)^{\sqrt{5}}$.

解　(1)$(1+i)^{1-i}=e^{\text{Ln}(1+i)^{1-i}}=e^{(1-i)\cdot\text{Ln}(1+i)}=e^{(1-i)\cdot\left(\ln\sqrt{2}+\frac{\pi}{4}i+2k\pi i\right)}$

$$=e^{\ln\sqrt{2}+\frac{\pi}{4}i+2k\pi i-\ln\sqrt{2}i+\frac{\pi}{4}+2k\pi}=e^{\ln\sqrt{2}+\frac{\pi}{4}+2k\pi}\cdot e^{i\left(\frac{\pi}{4}-\ln\sqrt{2}\right)}$$

$$=e^{\ln\sqrt{2}+\frac{\pi}{4}+2k\pi}\cdot\left[\cos\left(\frac{\pi}{4}-\ln\sqrt{2}\right)+i\sin\left(\frac{\pi}{4}-\ln\sqrt{2}\right)\right]$$

$$=\sqrt{2}e^{2k\pi+\frac{\pi}{4}}\cdot\left[\cos\left(\frac{\pi}{4}-\ln\sqrt{2}\right)+i\sin\left(\frac{\pi}{4}-\ln\sqrt{2}\right)\right](k\in\mathbf{Z}).$$

(2)　$(-3)^{\sqrt{5}}=e^{\sqrt{5}\cdot\text{Ln}(-3)}$

$$=e^{\sqrt{5}\cdot(\ln3+i\pi+2k\pi i)}=e^{\sqrt{5}\ln3+\sqrt{5}\pi i+2\sqrt{5}k\pi i}$$

$$=e^{\sqrt{5}\ln3}\left[\sqrt{5}\cos(2k+1)\pi+i\cdot\sqrt{5}\sin(2k+1)\pi\right]$$

$$=3^{\sqrt{5}}\cdot\left[\sqrt{5}\cos(2k+1)\pi+i\cdot\sqrt{5}\sin(2k+1)\pi\right](k\in\mathbf{Z}).$$

2.3.4　三角函数

由欧拉公式有 $e^{ix}=\cos x+i\sin x$,$e^{-ix}=\cos x-i\sin x$,

所以有 $\cos x=\dfrac{e^{ix}+e^{-ix}}{2}$,$\sin x=\dfrac{e^{ix}-e^{-ix}}{2i}$.

定义 2.3.4　对任何复数 z,定义余弦函数和正弦函数分别为:

$$\cos z=\frac{e^{iz}+e^{-iz}}{2},\sin z=\frac{e^{iz}-e^{-iz}}{2i}.$$

余弦函数和正弦函数基本性质为:

(1) $\cos z$ 和 $\sin z$ 都是单值函数;

(2) $\cos z$ 是偶函数,$\sin z$ 是奇函数;

(3) $\cos z$ 和 $\sin z$ 是以 2π 为周期的周期函数;

(4) 所有实三角函数公式在复数域内全部都成立,即

$$\sin(z_1\pm z_2)=\sin z_1\cos z_2\pm\cos z_1\sin z_2,$$

$$\cos(z_1\pm z_2)=\cos z_1\cos z_2\mp\sin z_1\sin z_2,$$

$$\sin^2z+\cos^2z=1;$$

(5) 在复数域内,$|\cos z|\leqslant1$ 和 $|\sin z|\leqslant1$ 不再成立,且 $\sin z$ 与 $\cos z$ 都是无界的复函数.

(6) $\cos z$ 和 $\sin z$ 在整个复平面解析, 并且 $(\cos z)' = -\sin z, (\sin z)' = \cos z$;

(7) $\cos z$ 和 $\sin z$ 在复平面的零点: $\cos z$ 在复平面的零点是 $z = \dfrac{\pi}{2} + k\pi$ $(k \in \mathbf{Z})$, $\sin z$ 在复平面的零点是 $z = k\pi (k \in \mathbf{Z})$.

例 8　计算 $\cos(\pi + 5i)$.

解
$$\cos(\pi + 5i) = \frac{e^{i(\pi+5i)} + e^{-i(\pi+5i)}}{2} = \frac{e^{i\pi-5} + e^{-i\pi+5}}{2}$$
$$= \frac{-e^{-5} + e^5 \cdot (-1)}{2} = \frac{-e^{-5} - e^5}{2} = -\frac{e^5 + e^{-5}}{2}.$$

习题 2

1. 下列函数在何处可导? 并求其导数.

(1) $f(z) = \dfrac{3z+8}{5z-7}$;　　　　　　　　(2) $f(z) = \dfrac{x+y}{x^2+y^2} + i\,\dfrac{x-y}{x^2+y^2}$.

2. 试判断下列函数的可导性与解析性.

(1) $f(z) = 2x^3 + 3iy^3$;　　　　　　　　(2) $f(z) = \bar{z} \cdot z^2$.

3. 证明区域 D 内满足条件 $\operatorname{Re} f(z) = C$ 的解析函数必为常数.

4. 试证函数 $f(z) = e^x(x\cos y - y\sin y) + ie^x(y\cos y + x\sin y)$ 在复平面上解析, 并求其导数.

5. 计算下列各值.

(1) e^{2+i};　　　(2) $e^{\frac{2-\pi i}{3}}$;　　　(3) $\operatorname{Re}(e^{\frac{x-iy}{x^2+y^2}})$;　　　(4) $|e^{i-2(x+iy)}|$.

6. 计算下列各值.

(1) $\ln(-2+3i)$;　　　　　　　　(2) $\ln(3 - \sqrt{3}i)$;

(3) $\ln e^i$;　　　　　　　　　　(4) $\ln ie$.

7. 计算下列各值.

(1) 1^{-i};　　　　　　　　(2) $\left(\dfrac{1-i}{\sqrt{2}}\right)^{1+i}$.

8. 计算 $\sin(1-5i)$.

9. 求解下列方程.

(1) $\ln z = \dfrac{\pi}{2}\mathrm{i}$;　　　　　　　(2) $\mathrm{e}^z - 1 - \sqrt{3}\mathrm{i} = 0$.

10. 验证下列函数为调和函数.

(1) $\varphi(x, y) = x^3 - 6x^2 y - 3xy^2 + 2y^3$;

(2) $f(z) = u(x, y) + \mathrm{i}v(x, y) = \mathrm{e}^x \cos y + 1 + \mathrm{i}(\mathrm{e}^x \sin y + 1)$.

11. 由下列各已知调和函数,求解析函数 $f(z) = u + \mathrm{i}v$.

(1) $u = x^2 - y^2 + xy$;　　　　　(2) $u = \dfrac{y}{x^2 + y^2}$, $f(1) = 0$.

第三章　复变函数的积分

复变函数的积分是研究解析函数的一个重要工具,通过复积分可以得到许多解析函数的重要性质.本章主要介绍了复积分的定义、性质和计算,还介绍了柯西积分定理、柯西积分公式和高阶导数公式.

§3.1　复变函数积分的概念

3.1.1　复变函数积分的定义

定义 3.1.1　设函数 $\omega=f(z)$ 在区域 D 内有定义,C 是区域 D 内一条以 A 为起点 B 为终点的一条光滑有向曲线.把曲线 C 任意分成 n 个小弧段,设分点为 $A=z_0,z_1,\cdots,z_{k-1},z_k,\cdots,z_n=B$,在每个小弧段 $\widehat{z_{k-1}z_k}(k=1,2,\cdots,n)$ 上任取一点 ξ_k,并作和式

$$S_n = \sum_{k=1}^{n} f(\xi_k)(z_k - z_{k-1}) = \sum_{k=1}^{n} f(\xi_k)\Delta z_k,$$

其中 $\Delta z_k = z_k - z_{k-1}$.

记 λ 是所有小弧段弧长的最大值.当 n 无限增加,且 $\lambda\to 0$ 时,如果不论对 C 的分法及 ξ_k 的取法如何,S_n 都有唯一的极限,那么称函数 $f(z)$ 在**积分路径** C 上可积,并称此极限值为函数 $\omega=f(z)$ 在曲线 C 上从 A 到 B 的**复积分**,记作

$$\int_C f(z)\mathrm{d}z = \lim_{\lambda\to 0}\sum_{k=1}^{n} f(\xi_k)\Delta z_k.$$

其中 C 为**积分路径**,如图 3.1 所示.

沿 C 的负方向(由点 B 到点 A)的积分记为 $\int_{C^-} f(z)\mathrm{d}z$. 若 C 为闭曲线,

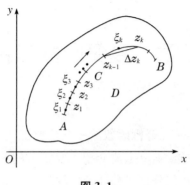

图 3.1

则将积分记为 $\oint_C f(z)\mathrm{d}z$,此时 C 的正方向取为逆时针方向.

显然,当 C 取 x 轴上的一段 $a \leqslant x \leqslant b$,而 $f(z)$ 为实函数时,这个积分定义就是一元实变函数定积分的定义.

3.1.2 复积分的性质

复积分的定义与高等数学中二元函数的第二类曲线积分类似,因此复积分的基本性质与二元函数第二类曲线积分类似.

设 $f(z)$ 及 $g(z)$ 在简单曲线 C 上连续,则有如下性质:

(1) $\int_C f(z)\mathrm{d}z = -\int_{C^-} f(z)\mathrm{d}z$;

(2) $\int_C kf(z)\mathrm{d}z = k\int_C f(z)\mathrm{d}z$,$k$ 为复常数;

(3) $\int_C [f(z) \pm g(z)]\mathrm{d}z = \int_C f(z)\mathrm{d}z \pm \int_C g(z)\mathrm{d}z$;

(4) $\int_{C_1+C_2} f(z)\mathrm{d}z = \int_{C_1} f(z)\mathrm{d}z + \int_{C_2} f(z)\mathrm{d}z$;

(5) 设曲线 C 的长度为 L,函数 $f(z)$ 在 C 上满足 $|f(z)| \leqslant M$,则

$$\left| \int_C f(z)\mathrm{d}z \right| \leqslant \int_C |f(z)|\,\mathrm{d}s \leqslant ML,$$

其中积分 $\int_C |f(z)|\,\mathrm{d}s$ 是沿曲线 C 的第一类曲线积分.

例 1　证明 $\lim\limits_{r\to 0}\int_{|z|=r}\dfrac{z}{1+z}\mathrm{d}z=0.$

证　因为 $r\to 0$，所以不妨设 $|r|<1$，由性质（5）可知

$$\left|\int_{|z|=r}\frac{z}{1+z}\mathrm{d}z\right|\leqslant\int_{|z|=r}\left|\frac{z}{1+z}\right||\mathrm{d}z|\leqslant\frac{2\pi r^2}{1-r},$$

上式右端在 $r\to 0$ 时极限为 0，所以左端的极限也为 0，即有

$$\lim_{r\to 0}\int_{|z|=r}\frac{z}{1+z}\mathrm{d}z=0.$$

3.1.3　复积分的计算

定理 3.1.1　设 C 是复平面上光滑或逐段光滑曲线，函数 $f(z)=u(x,y)+\mathrm{i}v(x,y)$ 在 C 上连续，则积分 $\int_C f(z)\mathrm{d}z$ 存在，并且

$$\int_C f(z)\mathrm{d}z=\int_C(u\mathrm{d}x-v\mathrm{d}y)+\mathrm{i}\int_C(v\mathrm{d}x+u\mathrm{d}y). \tag{1}$$

（证明从略）

利用式（1）还可将复积分化为定积分来计算，设 C 的参数方程为 $z=z(t)=x(t)+\mathrm{i}y(t)$，$C$ 的起点对应 $t=\alpha$，C 的终点对应 $t=\beta$，则有

$$\int_C f(z)\mathrm{d}z=\int_\alpha^\beta f[z(t)]z'(t)\mathrm{d}t.$$

例 2　计算 $\int_C z\mathrm{d}z$，其中 C 为从原点到点 $3+4\mathrm{i}$ 的直线段.

解　此直线方程可写作

$$x=3t,y=4t,0\leqslant t\leqslant1 \text{ 或 } z=3t+\mathrm{i}4t,0\leqslant t\leqslant1.$$

在 C 上，$z=(3+4\mathrm{i})t$，$\mathrm{d}z=(3+4\mathrm{i})\mathrm{d}t$，于是

$$\int_C z\mathrm{d}z=\int_0^1(3+4\mathrm{i})^2 t\mathrm{d}t$$

$$=(3+4\mathrm{i})^2\int_0^1 t\mathrm{d}t=\frac{1}{2}(3+4\mathrm{i})^2,$$

因 $\int_C z\mathrm{d}z=\int_C(x+\mathrm{i}y)(\mathrm{d}x+\mathrm{i}\mathrm{d}y)$

$$=\int_C(x\mathrm{d}x-y\mathrm{d}y)+\mathrm{i}\int_C(y\mathrm{d}x+x\mathrm{d}y),$$

由格林公式易知,右边两个线积分都与路径 C 无关,所以 $\int_C z\mathrm{d}z$ 的值,不论是对怎样的连接原点到 $3+4\mathrm{i}$ 的曲线,都等于 $\frac{1}{2}(3+4\mathrm{i})^2$.

例 3　计算积分 $\oint_C \dfrac{1}{(z-z_0)^{n+1}}\mathrm{d}z$,其中 C 为以 z_0 为圆心,r 为半径的正向圆周,n 为整数.

解　圆周 C 的方程可表示为 $z=z_0+r\mathrm{e}^{\mathrm{i}\theta},0\leqslant\theta\leqslant 2\pi$,

$$\oint_C \frac{1}{(z-z_0)^{n+1}}\mathrm{d}z = \int_0^{2\pi} \frac{\mathrm{i}r\mathrm{e}^{\mathrm{i}\theta}}{r^{n+1}\mathrm{e}^{\mathrm{i}(n+1)\theta}}\mathrm{d}\theta = \int_0^{2\pi} \frac{\mathrm{i}}{r^n\mathrm{e}^{\mathrm{i}n\theta}}\mathrm{d}\theta = \frac{\mathrm{i}}{r^n}\int_0^{2\pi} \mathrm{e}^{-\mathrm{i}n\theta}\mathrm{d}\theta.$$

$n=0$ 时,积分结果为 $\mathrm{i}\int_0^{2\pi}\mathrm{d}\theta = 2\pi\mathrm{i}$;

$n\neq 0$ 时,积分结果为 $\dfrac{\mathrm{i}}{r^n}\int_0^{2\pi}\mathrm{e}^{-\mathrm{i}n\theta}\mathrm{d}\theta = \dfrac{\mathrm{i}}{r^n}\int_0^{2\pi}(\cos n\theta - \mathrm{i}\sin n\theta)\mathrm{d}\theta = 0.$

因此

$$\oint_C \frac{1}{(z-z_0)^{n+1}}\mathrm{d}z = \begin{cases} 2\pi\mathrm{i}, n=0, \\ 0, \quad n\neq 0. \end{cases}$$

此例的结果很重要,以后经常要用到.以上结果与积分路径圆周的中心和半径没有关系,应记住这一特点.

§3.2　柯西积分定理

3.2.1　积分与路径无关

函数 $f(z)$ 沿曲线 C 的积分归结为二元函数的第二类曲线积分,所以复积分不仅依赖于起点和终点,而且与积分路径有关.柯西积分定理给出了复积分与积分路径无关的条件.

定理 3.2.1(柯西积分定理)　设 $f(z)$ 在单连域 D 内解析,C 为 D 内任一简单闭曲线,则

$$\oint_C f(z)\mathrm{d}z = 0.$$

证　利用格林(Green)公式,得

$$\oint_C f(z)\mathrm{d}z = \oint_C (u\mathrm{d}x - v\mathrm{d}y) + \mathrm{i}\oint_C (v\mathrm{d}x + u\mathrm{d}y)$$

$$= -\iint_G \left(\frac{\partial v}{\partial x} + \frac{\partial u}{\partial y}\right)\mathrm{d}x\mathrm{d}y + \mathrm{i}\iint_G \left(\frac{\partial u}{\partial x} - \frac{\partial v}{\partial y}\right)\mathrm{d}x\mathrm{d}y.$$

其中,G 为简单闭曲线 C 所围成区域,再由 C-R 方程

$$\frac{\partial u}{\partial x} = \frac{\partial v}{\partial y}, \frac{\partial u}{\partial y} = -\frac{\partial v}{\partial x},$$

所以

$$\oint_C f(z)\mathrm{d}z = 0.$$

定理 3.2.2　设 $f(z)$ 在单连域 D 内解析,z_1, z_2 为 D 内任意两点,C_1 和 C_2 为连接这两点的积分路径,且都包含于 D 内(图 3.2),则有

$$\int_{C_1} f(z)\mathrm{d}z = \int_{C_2} f(z)\mathrm{d}z.$$

即当 $f(z)$ 为 D 内解析函数时积分与路径无关,而仅由起点 z_1 和终点 z_2 确定.

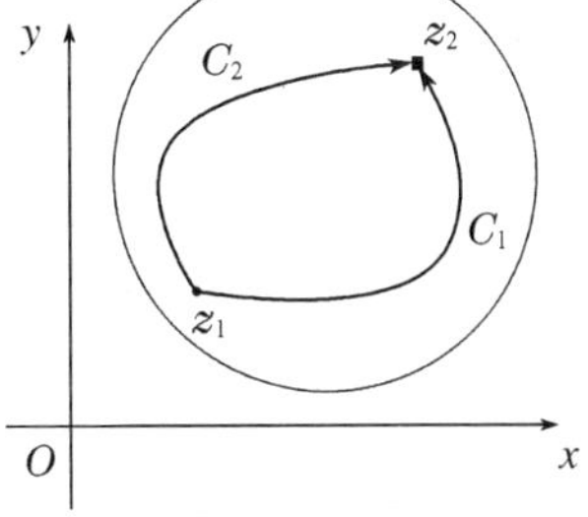

证　由柯西积分定理可得

$$\int_{C_1} f(z)\mathrm{d}z - \int_{C_2} f(z)\mathrm{d}z = \oint_{C=C_1+C_2^-} f(z)\mathrm{d}z = 0,$$

所以

$$\int_{C_1} f(z)\mathrm{d}z = \int_{C_2} f(z)\mathrm{d}z.$$

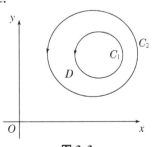

图 3.2

定理 3.2.3(闭路变形原理)　设 C_1 和 C_2 是两条简单闭曲线,其中 C_1 在 C_2 的内部. $f(z)$ 在 C_1 与 C_2 所围成的区域 D 内解析,在 $\overline{D} = D + C_1^- + C_2$ 上连续(图 3.3),则

$$\oint_{C_1} f(z)\mathrm{d}z = \oint_{C_2} f(z)\mathrm{d}z.$$

证　证明过程类似格林(Green)公式多连

图 3.3

通区域情况，证明从略.

闭路变形原理说明，在区域内的一个解析函数沿闭曲线的积分，不因曲线在区域内作连续变形而改变其取值.

闭路变形原理可做进一步推广，可将曲线 C_1 推广为多个不相交曲线的情况.

定理 3.2.4(复合闭路定理) 设 C 为多连通域 D 内的一条简单闭曲线，$C_1, C_2, \cdots, C_n$ 为在 C 内部的简单闭曲线，它们互不相交也互不包含，且 D 由 C 的内部及 $C_1, C_2, \cdots, C_n$ 的外部所围成(图 3.4)，如果 $f(z)$ 在区域 D 内解析，且在 D 内及边界上连续，则有

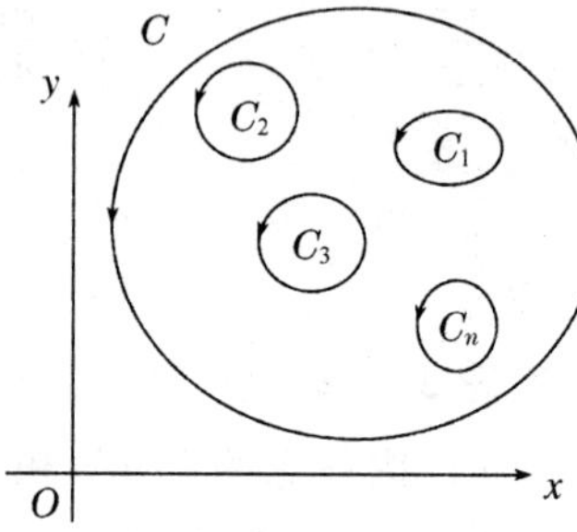

图 3.4

$$\oint_C f(z)\mathrm{d}z = \sum_{k=1}^{n}\oint_{C_k} f(z)\mathrm{d}z,$$

其中 C 与 C_k 均取正向，则有

$$\oint_\Gamma f(z)\mathrm{d}z = 0,$$

其中 Γ 由 C 及 C_k^- $(k=1,2,\cdots,n)$所组成的复合闭路，其方向是 C 为逆时针，C_k^- 为顺时针.

例 1 计算 $\oint_{C:|z|=3} \dfrac{2z-2}{z(z-2)}\mathrm{d}z$.

解 被积函数 $\dfrac{2z-2}{z(z-2)}$ 有两个奇点 $z_1=0$ 和 $z_2=2$，曲线 $C: |z|=3$ 包含了这两个奇点，在曲线 C 的内部分别以 $z_1=0$ 和 $z_2=2$ 为圆心作两个互不相交且互不包含的正向圆周 C_1 和 C_2.

由复合闭路定理可知，

$$\begin{aligned}\oint_{C:|z|=3} \frac{2z-2}{z(z-2)}\mathrm{d}z &= \oint_{C_1} \frac{2z-2}{z(z-2)}\mathrm{d}z + \oint_{C_2} \frac{2z-2}{z(z-2)}\mathrm{d}z \\ &= \oint_{C_1}\left(\frac{1}{z}+\frac{1}{z-2}\right)\mathrm{d}z + \oint_{C_2}\left(\frac{1}{z}+\frac{1}{z-2}\right)\mathrm{d}z \\ &= 2\pi\mathrm{i} + 0 + 0 + 2\pi\mathrm{i} = 4\pi\mathrm{i}.\end{aligned}$$

3.2.2 解析函数非闭曲线积分计算公式

柯西积分定理给出了积分与路径无关的充分条件. 即若函数 $f(z)$ 在区域 D 内解析, $f(z)$ 沿 D 内曲线 C 的积分仅与起点 z_0 和终点 z 有关, 从而可将积分表示为

$$\int_C f(z)\mathrm{d}z = \int_{z_0}^{z} f(z)\mathrm{d}z.$$

其中 z_0 为积分下限, z 为积分上限. 当 z_0 固定而 z 在 D 内变动时, 则得到积分上限函数

$$F(z) = \int_{z_0}^{z} f(z)\mathrm{d}z.$$

对于积分上限函数有下面的定理.

定理 3.2.5 若函数 $f(z)$ 在单连通区域 D 内解析, 那么

$$F(z) = \int_{z_0}^{z} f(z)\mathrm{d}z$$

也在 D 内解析, 且 $F'(z) = f(z)$.

(证明从略)

由定理 3.2.5, 类似微积分方法, 我们引入解析函数的原函数概念.

定义 3.2.1 若在区域 D 内有 $F'(z) = f(z)$, 则称 $F(z)$ 为 $f(z)$ 在区域 D 内的一个原函数.

注 若 $F(z), G(z)$ 均为 $f(z)$ 在区域 D 内的原函数, 类似有微积分中的结论, 有 $F(z) - G(z) = C$(C 为复常数).

定理 3.2.6 设 $f(z)$ 在单连域 D 内解析, $G(z)$ 为 $f(z)$ 在 D 内的一个原函数, 则

$$\int_{z_1}^{z_2} f(z)\mathrm{d}z = G(z_2) - G(z_1)\,(z_1, z_2 \in D).$$

证 因为 $F(z) = \int_{z_1}^{z} f(z)\mathrm{d}z$ 也为 $f(z)$ 的一个原函数, 所以

$$F(z) - G(z) = C\,(C \text{ 为复常数}).$$

令 $z = z_1$, 得

$$F(z_1) - G(z_1) = C,$$

得

$$C = -G(z_1),$$

则有

$$F(z_2) - G(z_2) = \int_{z_1}^{z_2} f(z)\mathrm{d}z - G(z_2) = C = -G(z_1),$$

从而有

$$\int_{z_1}^{z_2} f(z)\mathrm{d}z = G(z_2) - G(z_1).$$

注　此定理说明解析函数 $f(z)$ 沿非闭曲线的积分与积分路径无关,计算时只要求出原函数即可.

有了定理 3.2.6,就可以将高等数学中求不定积分的方法平移过来计算复积分.

例 2　计算 $\displaystyle\int_{-2}^{-2+\mathrm{i}} (z+2)^2 \mathrm{d}z.$

解　因为函数 $f(z) = (z+2)^2$ 在复平面上处处解析,所以积分与路径无关.

$$\int_{-2}^{-2+\mathrm{i}} (z+2)^2 \mathrm{d}z = \int_{-2}^{-2+\mathrm{i}} (z+2)^2 \mathrm{d}(z+2) = \frac{1}{3}(z+2)^3 \Big|_{-2}^{-2+\mathrm{i}} = -\frac{\mathrm{i}}{3}.$$

例 3　计算 $\displaystyle\int_{0}^{\mathrm{i}} \cos z \mathrm{d}z.$

解　$\displaystyle\int_{0}^{\mathrm{i}} \cos z \mathrm{d}z = \sin z \Big|_{0}^{\mathrm{i}} = \sin \mathrm{i} = \frac{\mathrm{e}^{-1} - \mathrm{e}^{1}}{2\mathrm{i}} = \frac{(\mathrm{e} - \mathrm{e}^{-1})\mathrm{i}}{2}.$

例 4　计算 $\displaystyle\int_{1}^{1-\mathrm{i}} z \cdot \mathrm{e}^{2z} \mathrm{d}z.$

解　$\displaystyle\int_{1}^{1-\mathrm{i}} z \cdot \mathrm{e}^{2z} \mathrm{d}z = \frac{1}{2}\int_{1}^{1-\mathrm{i}} z \mathrm{d}\mathrm{e}^{2z} = \frac{1}{2}\left(z\mathrm{e}^{2z} \Big|_{1}^{1-\mathrm{i}} - \int_{1}^{1-\mathrm{i}} \mathrm{e}^{2z} \mathrm{d}z \right)$

$$= \frac{1}{2}(1-\mathrm{i})\mathrm{e}^{2(1-\mathrm{i})} - \frac{1}{2}\mathrm{e}^2 - \frac{1}{4}\mathrm{e}^{2z} \Big|_{1}^{1-\mathrm{i}}$$

$$= \left(\frac{1}{4} - \frac{\mathrm{i}}{2}\right)\mathrm{e}^{2(1-\mathrm{i})} - \frac{1}{4}\mathrm{e}^2.$$

§3.3　柯西积分公式

3.3.1　柯西积分公式

定理 3.3.1　设函数 $f(z)$ 在简单闭曲线 C 所围成的区域 D 内解析,在 $\overline{D}=D+C$ 连续,则对 D 内任意一点 z_0,有

$$\oint_C \frac{f(z)}{z-z_0}\mathrm{d}z = 2\pi\mathrm{i}f(z_0).$$

证　由于 z_0 为 D 内一内点,作 z_0 的一充分小邻域 $|z-z_0|<r$,使它完全包含于 D 内,记 $C_1:|z-z_0|=r$,于是函数 $\dfrac{f(z)}{z-z_0}$ 在 C 和 C_1 所围成的多连通区域内解析(图 3.5).

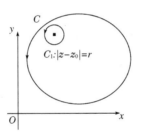

图 3.5

所以由闭路变形原理定理 3.2.3 可知

$$\oint_C \frac{f(z)}{z-z_0}\mathrm{d}z = \oint_{C_1} \frac{f(z)}{z-z_0}\mathrm{d}z = \oint_{C_1} \frac{f(z)-f(z_0)+f(z_0)}{z-z_0}\mathrm{d}z$$

$$= \oint_{C_1} \frac{f(z)-f(z_0)}{z-z_0}\mathrm{d}z + f(z_0)\oint_{C_1} \frac{1}{z-z_0}\mathrm{d}z$$

$$= \oint_{C_1} \frac{f(z)-f(z_0)}{z-z_0}\mathrm{d}z + 2\pi\mathrm{i}f(z_0)$$

因为 $f(z)$ 在 z_0 处连续,所以对于任意 $\varepsilon>0$,存在 $\delta>0$,当 $|z-z_0|<\delta$ 时,有 $|f(z)-f(z_0)|<\varepsilon$. 由于 C_1 半径 r 的任意性,取 $r<\delta$,则当 $|z-z_0|=r<\delta$ 时,有 $|f(z)-f(z_0)|<\varepsilon$,所以

$$\left| \oint_C \frac{f(z)}{z-z_0} \mathrm{d}z - 2\pi \mathrm{i} f(z_0) \right| = \left| \oint_{C_1} \frac{f(z)-f(z_0)}{z-z_0} \mathrm{d}z \right|$$

$$\leqslant \oint_{C_1} \left| \frac{f(z)-f(z_0)}{z-z_0} \right| \mathrm{d}s \leqslant \frac{\varepsilon}{r} \cdot 2\pi r = 2\pi\varepsilon.$$

上述不等式左端是常数，右端为任意小，所以左端常数必然为 0，即有

$$\oint_C \frac{f(z)}{z-z_0} \mathrm{d}z = 2\pi \mathrm{i} f(z_0).$$

或表示为

$$f(z_0) = \frac{1}{2\pi \mathrm{i}} \oint_C \frac{f(z)}{z-z_0} \mathrm{d}z.$$

此公式即为**柯西积分公式**.

特别地，当 $f(z)=1$ 时，有 $\oint_C \frac{1}{z-z_0} \mathrm{d}z = 2\pi \mathrm{i}$，即为 3.1.3 节例 3 中 $n=0$ 的情况.

例 1 求 $\oint_C \frac{\mathrm{e}^z}{z-2} \mathrm{d}z$，其中 $C:|z-2|=1$.

解 设函数 $f(z)=\mathrm{e}^z$，$f(z)$ 在全平面内解析，由柯西积分公式可知，

$$\oint_C \frac{\mathrm{e}^z}{z-2} \mathrm{d}z = 2\pi \mathrm{i} f(2) = 2\pi \mathrm{i} \mathrm{e}^2.$$

例 2 求 $\oint_C \frac{z}{(2z+1)(z-2)} \mathrm{d}z$，其中 C 为：(1) $|z|=1$；(2) $|z-2|=1$；

(3) $|z-1|=\frac{1}{2}$；(4) $|z|=3$.

解 (1) C 为 $|z|=1$，被积函数在 C 内有一个不解析点 $z=-\frac{1}{2}$，所以有

$$\oint_C \frac{z}{(2z+1)(z-2)} \mathrm{d}z = \oint_C \frac{\frac{z}{2(z-2)}}{z+\frac{1}{2}} \mathrm{d}z$$

$$= 2\pi \mathrm{i} \cdot \left. \frac{z}{2(z-2)} \right|_{z=-\frac{1}{2}}$$

$$= \frac{1}{5}\pi \mathrm{i}.$$

(2) C 为 $|z-2|=1$，被积函数在 C 内有一个不解析点 $z=2$，所以有

$$\oint_C \frac{z}{(2z+1)(z-2)}dz = \oint_C \frac{\dfrac{z}{2z+1}}{z-2}dz$$

$$= 2\pi i \cdot \frac{z}{2z+1}\Big|_{z=2}$$

$$= \frac{4}{5}\pi i.$$

(3) C 为 $|z-1|=\dfrac{1}{2}$，被积函数在 C 内解析，所以有

$$\oint_C \frac{z}{(2z+1)(z-2)}dz = 0.$$

(4) C 为 $|z|=3$，被积函数在 C 内有两个不解析点 $z=-\dfrac{1}{2}$ 和 $z=2$，令 C_1 为 $\left|z+\dfrac{1}{2}\right|=\dfrac{1}{2}$，$C_2$ 为 $|z-2|=\dfrac{1}{2}$，C_1 与 C_2 互不相交，由复合闭路变形原理可知，

$$\oint_C \frac{z}{(2z+1)(z-2)}dz = \oint_{C_1} \frac{z}{(2z+1)(z-2)}dz + \oint_{C_2} \frac{z}{(2z+1)(z-2)}dz$$

$$= \oint_{C_1} \frac{\dfrac{z}{2(z-2)}}{z+\dfrac{1}{2}}dz + \oint_{C_2} \frac{\dfrac{z}{2z+1}}{z-2}dz$$

$$= \frac{1}{5}\pi i + \frac{4}{5}\pi i = \pi i.$$

例 3　求 $\oint_C \dfrac{z+1}{z^2-z}dz$，其中 $C: |z|=2$.

解　$\oint_C \dfrac{z+1}{z^2-z}dz = \oint_C \dfrac{z+1}{(z-1)z}dz = \oint_C \left(\dfrac{2}{z-1}-\dfrac{1}{z}\right)dz$

$$= \oint_C \frac{2}{z-1}dz - \oint_C \frac{1}{z}dz = 4\pi i - 2\pi i = 2\pi i.$$

例 4　计算 $I = \int_\Gamma \dfrac{e^z}{z(z^2-1)}dz$，其中 Γ 是圆环 $\dfrac{1}{2}\leqslant|z|\leqslant 2$ 的边界.

解　原式$=\int_{|z|=2}\dfrac{\mathrm{e}^z}{z(z^2-1)}\mathrm{d}z-\int_{|z|=\frac{1}{2}}\dfrac{\mathrm{e}^z}{z(z^2-1)}\mathrm{d}z$

$\qquad=2\pi\mathrm{i}\cdot\dfrac{\mathrm{e}^z}{z^2-1}\Big|_{z=0}+2\pi\mathrm{i}\cdot\dfrac{\mathrm{e}^z}{z(z+1)}\Big|_{z=1}+2\pi\mathrm{i}\cdot\dfrac{\mathrm{e}^z}{z(z-1)}\Big|_{z=-1}-$

$\qquad\quad 2\pi\mathrm{i}\cdot\dfrac{\mathrm{e}^z}{z^2-1}\Big|_{z=0}$

$\qquad=\pi\mathrm{i}(\mathrm{e}+\mathrm{e}^{-1}).$

3.3.2　高阶导数公式

定理 3.3.2　设函数 $f(z)$ 在简单闭曲线 C 所围成的区域 D 内解析，在 $\overline{D}=D+C$ 连续，则函数 $f(z)$ 在 D 内任一点 z_0 有任意阶导数，且在 D 内任一点 z_0 有

$$f^{(n)}(z_0)=\frac{n!}{2\pi\mathrm{i}}\oint_C\frac{f(z)}{(z-z_0)^{n+1}}\mathrm{d}z(n=1,2\cdots)$$

或

$$\oint_C\frac{f(z)}{(z-z_0)^{n+1}}\mathrm{d}z=\frac{2\pi\mathrm{i}}{n!}f^{(n)}(z_0)(n=1,2\cdots),$$

此公式即为解析函数的**高阶导数公式**.

（证明从略）

当 $n=0$ 时，高阶导数公式形式上转化为柯西积分公式. 高阶导数公式也给出了解析函数的一个重要性质，**即一个解析函数具有任意阶导数，而且各阶导函数也必然为解析函数**. 可从两个方面应用该公式，一是用求积分代替求导数；一是用求导的方法计算积分.

例 5　求 $\oint_C\dfrac{\mathrm{e}^z}{(z-\mathrm{i})^3}\mathrm{d}z$，其中 C：$|z-\mathrm{i}|=1$.

解　函数 $f(z)=\mathrm{e}^z$ 在 $|z-\mathrm{i}|\leqslant 1$ 上解析，由高阶导数公式可知，

$$\oint_c\frac{\mathrm{e}^z}{(z-\mathrm{i})^3}\mathrm{d}z=\frac{2\pi\mathrm{i}}{2!}(\mathrm{e}^z)''\Big|_{z=\mathrm{i}}=\pi\mathrm{i}\mathrm{e}^\mathrm{i}=-\pi\sin 1+\mathrm{i}\pi\cos 1.$$

例 6　计算积分 $\oint_{|z-1|=1}\dfrac{z^4}{(z-1)^3}\mathrm{d}z$.

解　由高阶导数公式

$$\oint_{|z-1|=1} \frac{z^4}{(z-1)^3}\mathrm{d}z = \frac{2\pi\mathrm{i}}{2!} \cdot (z^4)''\Big|_{z=1} = 12\pi\mathrm{i}.$$

例 7　求 $\oint_c \dfrac{1}{z^3(z+1)^2}\mathrm{d}z$，其中 $C: |z|=3$.

解　C 为 $|z|=3$，被积函数在 C 内有两个不解析点 $z=0$ 和 $z=-1$，令 C_1 为 $|z|=\dfrac{1}{3}$，C_2 为 $|z+1|=\dfrac{1}{3}$，由复合闭路定理可知，

$$\oint_C \frac{1}{z^3(z+1)^2}\mathrm{d}z = \oint_{C_1} \frac{1}{z^3(z+1)^2}\mathrm{d}z + \oint_{C_2} \frac{1}{z^3(z+1)^2}\mathrm{d}z$$

$$= \oint_{C_1} \frac{\dfrac{1}{(z+1)^2}}{z^3}\mathrm{d}z + \oint_{C_2} \frac{\dfrac{1}{z^3}}{(z+1)^2}\mathrm{d}z$$

$$= \frac{2\pi\mathrm{i}}{2!} \cdot \left[\frac{1}{(z+1)^2}\right]''\Big|_{z=0} + \frac{2\pi\mathrm{i}}{1!} \cdot \left(\frac{1}{z^3}\right)'\Big|_{z=-1}$$

$$= 6\pi\mathrm{i} - 6\pi\mathrm{i} = 0.$$

例 8　已知 $f(z) = \dfrac{1}{2\pi\mathrm{i}}\oint_{|\zeta|=1} \dfrac{\cos\zeta}{(\zeta-z)^3}\mathrm{d}\zeta$，证明：当 $|z|\neq 1$ 时，$f(z)$ 解析，并求 $f'(z)$.

证　当 $|z|>1$，则 $f(z)=0$，$f(z)$ 是解析函数，且
$$f'(z)=0.$$

当 $|z|<1$，则 $f(z)=\dfrac{1}{2}(\cos\zeta)''\Big|_{\zeta=z}=-\dfrac{1}{2}\cos z$，$f(z)$ 也是解析函数，且
$$f'(z)=\frac{1}{2}\sin z.$$

例 9　计算 $\oint_{|z|=1} \dfrac{\mathrm{e}^z \bar{z}^2 \mathrm{d}z}{(\bar{z}+2)^2}$.

解　在 $|z|=1$ 时，$\bar{z}=\dfrac{1}{z}$，故

$$原式 = \oint_{|z|=1} \frac{\mathrm{e}^z\mathrm{d}z}{4\left(z+\dfrac{1}{2}\right)^2} = 2\pi\mathrm{i}\left(\frac{\mathrm{e}^z}{4}\right)'\Big|_{z=-\frac{1}{2}} = \frac{\pi\mathrm{i}}{2}\mathrm{e}^{-\frac{1}{2}}.$$

习题 3

1. 计算积分 $\int_C (x-y+\mathrm{i}x^2)\mathrm{d}z$，其中 C 为从原点到点 $1+\mathrm{i}$ 的直线段.

2. 计算积分 $\int_C (1-\bar{z})\mathrm{d}z$，其中积分路径 C 为

(1) 从点 0 到点 $1+\mathrm{i}$ 的直线段；

(2) 沿抛物线 $y=x^2$，从点 0 到点 $1+\mathrm{i}$ 的弧段.

3. 计算积分 $\int_C |z|\mathrm{d}z$，其中积分路径 C 为

(1) 从点 $-\mathrm{i}$ 到点 i 的直线段；

(2) 沿单位圆周 $|z|=1$ 的左半圆周，从点 $-\mathrm{i}$ 到点 i；

(3) 沿单位圆周 $|z|=1$ 的右半圆周，从点 $-\mathrm{i}$ 到点 i.

4. 计算积分 $\oint_C (|z|-\mathrm{e}^z \cdot \sin z)\mathrm{d}z$，其中 C 为 $|z|=a>0$.

5. 计算积分 $\oint_C \dfrac{1}{z(z^2+1)}\mathrm{d}z$，其中积分路径 C 为

(1) $C_1: |z|=\dfrac{1}{2}$；　　　　　　　　(2) $C_2: |z|=\dfrac{3}{2}$；

(3) $C_3: |z+\mathrm{i}|=\dfrac{1}{2}$；　　　　　　(4) $C_4: |z-\mathrm{i}|=\dfrac{3}{2}$.

6. 计算下列积分.

(1) $\int_0^{\pi+2\mathrm{i}} \cos\dfrac{z}{2}\mathrm{d}z$；　　(2) $\int_{-\pi\mathrm{i}}^0 \mathrm{e}^{-z}\mathrm{d}z$；　　(3) $\int_1^{\mathrm{i}} (2+\mathrm{i}z)^2\mathrm{d}z$；

(4) $\int_1^{\mathrm{i}} \dfrac{\ln(z+1)}{z+1}\mathrm{d}z$；　　　　　　　　　(5) $\int_0^1 z\cdot\sin z\mathrm{d}z$.

7. 求下列积分的值，其中积分路径 C 均为 $|z|=1$.

(1) $\oint_C \dfrac{\mathrm{e}^z}{z^5}\mathrm{d}z$；　　　　　　　　(2) $\oint_C \dfrac{\cos z}{z^3}\mathrm{d}z$；

(3) $\oint_C \dfrac{\tan\dfrac{z}{2}}{(z-z_0)^2}\mathrm{d}z$，$|z_0|<\dfrac{1}{2}$.

8. 计算积分 $\oint_C \dfrac{1}{(z-1)^3 (z+1)^3} \mathrm{d}z$，其中积分路径 C 为

(1) 中心位于点 $z=1$，半径为 $R<2$ 的正向圆周；

(2) 中心位于点 $z=-1$，半径为 $R<2$ 的正向圆周.

9. 设函数 $f(z) = \displaystyle\int_{|\zeta|=1} \dfrac{\mathrm{e}^{\zeta z}}{(\zeta-z)^2} \mathrm{d}\zeta \ (|z| \neq 1)$，求 $f'(z)$.

第四章 解析函数的级数

级数是研究解析函数的一个重要工具,本章主要讨论解析函数的两种级数展开式——泰勒级数和洛朗级数. 本章内容与高等数学中的级数有很多相似之处,可以借鉴学习.

§4.1 复级数的基本概念

4.1.1 复数项级数概念

定义 4.1.1 设 $\{z_n\}$ 为一复数列,$z_n = x_n + \mathrm{i}y_n$,又设 $z_0 = x_0 + \mathrm{i}y_0$ 为一确定的复数,若对任意给定 $\varepsilon > 0$,总存在正整数 N,当 $n > N$ 时,有 $|z_n - z_0| < \varepsilon$,则称复数列 $\{z_n\}$ 收敛于 z_0 或称 z_0 为复数序列 $\{z_n\}$ 在 $n \to \infty$ 时的**极限**,记为

$$\lim_{n \to \infty} z_n = z_0 \ \text{或} \ z_n \to z_0 (n \to \infty).$$

如果 $\{z_n\}$ 不收敛,则称 $\{z_n\}$ **发散**或称 $\{z_n\}$ 为**发散数列**.

定理 4.1.1 设 $z_n = x_n + \mathrm{i}y_n$,$z_0 = x_0 + \mathrm{i}y_0$,则 $\lim\limits_{n \to \infty} z_n = z_0$ 的充要条件是

$$\lim_{n \to \infty} x_n = x_0, \lim_{n \to \infty} y_n = y_0.$$

证 因为 $\lim\limits_{n \to \infty} z_n = z_0$,所以对于任意给定的 $\varepsilon > 0$,存在正整数 N,当 $n > N$ 时,有

$$|(x_n + \mathrm{i}y_n) - (x_0 + \mathrm{i}y_0)| < \varepsilon,$$

从而有

$$|x_n - x_0| \leqslant |(x_n - x_0) + \mathrm{i}(y_n - y_0)| < \varepsilon$$

所以

$$\lim_{n \to \infty} x_n = x_0.$$

同理

$$\lim_{n\to\infty} y_n = y_0.$$

反之,如果 $\lim\limits_{n\to\infty} x_n = x_0$, $\lim\limits_{n\to\infty} y_n = y_0$,那么当 $n > N$ 时,

$$|x_n - x_0| < \frac{\varepsilon}{2}, |y_n - y_0| < \frac{\varepsilon}{2},$$

从而有

$$|z_n - z_0| = |(x_n - x_0) + \mathrm{i}(y_n - y_0)| \leqslant |x_n - x_0| + |y_n - y_0| < \varepsilon,$$ 所以

$$\lim_{n\to\infty} z_n = z_0.$$

例 1　判断复数列 $z_n = \dfrac{1+n\mathrm{i}}{1-n\mathrm{i}}$ 是否收敛,若收敛求出它的极限.

解　因为 $z_n = \dfrac{1+n\mathrm{i}}{1-n\mathrm{i}} = \dfrac{(1+n\mathrm{i})^2}{(1-n\mathrm{i})(1+n\mathrm{i})} = \dfrac{1-n^2}{1+n^2} + \mathrm{i}\dfrac{2n}{1+n^2},$

则

$$x_n = \frac{1-n^2}{1+n^2}, y_n = \frac{2n}{1+n^2},$$

又

$$\lim_{n\to\infty} x_n = -1, \lim_{n\to\infty} y_n = 0,$$

所以

$$\lim_{n\to\infty} z_n = -1.$$

关于两个实数列对应项和、差、积、商所形成序列的极限的结果,可推广到复数序列.

定义 4.1.2　设 $\{z_n\}$ 为一复数列,则

$$\sum_{n=1}^{\infty} z_n = z_1 + z_2 + \cdots + z_n + \cdots$$

称为**复数项级数**,其前 n 项和

$$S_n = z_1 + z_2 + \cdots + z_n (n \in \mathbf{N}^*)$$

称为复数项级数的**部分和**. 若 $\lim\limits_{n\to\infty} S_n = S$(某复常数),则称级数 $\sum\limits_{n=1}^{\infty} z_n$ 是**收敛**的,且 S 称为**级数的和**,即 $\sum\limits_{n=1}^{\infty} z_n = S$; 若 $\lim\limits_{n\to\infty} S_n$ 不存在,则称级数 $\sum\limits_{n=1}^{\infty} z_n$ 是**发**

散的.

例 2　当 $|z|<1$ 时,判断级数 $1+z+z^2+\cdots+z^n+\cdots$ 是否收敛?

解　因为 $S_n=1+z+z^2+\cdots+z^{n-1}=\dfrac{1-z^n}{1-z}=\dfrac{1}{1-z}-\dfrac{z^n}{1-z}$,

当 $|z|<1$ 时,有

$$\lim_{n\to\infty}|z|^n=0,$$

从而有

$$\lim_{n\to\infty}\left|\frac{z^n}{1-z}\right|=0, 则 \lim_{n\to\infty}\frac{z^n}{1-z}=0,$$

所以

$$\lim_{n\to\infty}S_n=\frac{1}{1-z}.$$

这就是说,当 $|z|<1$ 时,级数 $1+z+z^2+\cdots+z^n+\cdots$ 收敛,其和为 $\dfrac{1}{1-z}$

即当 $|z|<1$ 时,

$$1+z+z^2+\cdots+z^n+\cdots=\frac{1}{1-z}.$$

4.1.2　复数项级数性质

定理 4.1.2　若级数 $\displaystyle\sum_{n=1}^{\infty}z_n$ 收敛,则 $\displaystyle\lim_{n\to\infty}z_n=0$.

定理 4.1.3　设 $z_n=x_n+\mathrm{i}y_n$,则级数 $\displaystyle\sum_{n=1}^{\infty}z_n$ 收敛的充要条件是级数 $\displaystyle\sum_{n=1}^{\infty}x_n$ 和 $\displaystyle\sum_{n=1}^{\infty}y_n$ 同时收敛.

定义 4.1.3　如果 $\displaystyle\sum_{n=1}^{\infty}|z_n|$ 收敛,则称级数 $\displaystyle\sum_{n=1}^{\infty}z_n$ **绝对收敛**;如果 $\displaystyle\sum_{n=1}^{\infty}z_n$ 收敛但 $\displaystyle\sum_{n=1}^{\infty}|z_n|$ 发散,则称级数 $\displaystyle\sum_{n=1}^{\infty}z_n$ **条件收敛**.

定理 4.1.4　如果 $\displaystyle\sum_{n=1}^{\infty}|z_n|$ 收敛,则级数 $\displaystyle\sum_{n=1}^{\infty}z_n$ 也收敛,即绝对收敛的级数本身也一定收敛.

证 由于 $\sum\limits_{n=1}^{\infty} |z_n| = \sum\limits_{n=1}^{\infty} \sqrt{x_n^2 + y_n^2}$,

而

$$|x_n| \leqslant \sqrt{x_n^2 + y_n^2}, |y_n| \leqslant \sqrt{x_n^2 + y_n^2},$$

根据比较准则,知级数 $\sum\limits_{n=1}^{\infty} |x_n|$ 及 $\sum\limits_{n=1}^{\infty} |y_n|$ 均收敛,则级数 $\sum\limits_{n=1}^{\infty} x_n$ 及

$\sum\limits_{n=1}^{\infty} y_n$ 也均收敛,由定理 4.1.3 可知 $\sum\limits_{n=1}^{\infty} z_n$ 是收敛的.

定理 4.1.5 级数 $\sum\limits_{n=1}^{\infty} z_n$ 绝对收敛的充要条件是级数 $\sum\limits_{n=1}^{\infty} x_n$ 和 $\sum\limits_{n=1}^{\infty} y_n$ 也同

时绝对收敛.

例 3 判别复数项级数 $\sum\limits_{n=1}^{\infty} \dfrac{i^n}{n}$ 的敛散性.

解 因为 $\sum\limits_{n=1}^{\infty} \dfrac{i^n}{n} = i - \dfrac{1}{2} - \dfrac{i}{3} + \dfrac{1}{4} + \dfrac{i}{5} + \cdots$

$$= \left(-\dfrac{1}{2} + \dfrac{1}{4} - \dfrac{1}{6} + \cdots\right) + i\left(1 - \dfrac{1}{3} + \dfrac{1}{5} - \cdots\right)$$

$$= \sum\limits_{n=1}^{\infty} \dfrac{(-1)^n}{2n} + i\sum\limits_{n=1}^{\infty} \dfrac{(-1)^{n-1}}{2n-1},$$

又级数 $\sum\limits_{n=1}^{\infty} \dfrac{(-1)^n}{2n}$ 与 $\sum\limits_{n=1}^{\infty} \dfrac{(-1)^{n-1}}{2n-1}$ 都收敛,所以级数 $\sum\limits_{n=1}^{\infty} \dfrac{i^n}{n}$ 收敛,

又 $\sum\limits_{n=1}^{\infty} \left|\dfrac{i^n}{n}\right| = \sum\limits_{n=1}^{\infty} \dfrac{1}{n}$ 发散,所以级数 $\sum\limits_{n=1}^{\infty} \dfrac{i^n}{n}$ 条件收敛.

4.1.3 复变函数项级数

定义 4.1.4 设 $\{f_n(z)\}(n \in \mathbf{N}^*)$ 是定义在区域 D 上的复变函数序列,则

$$\sum\limits_{n=1}^{\infty} f_n(z) = f_1(z) + f_2(z) + \cdots + f_n(z) + \cdots$$

称为**复变函数项级数**,其前 n 项和

$$S_n(z) = f_1(z) + f_2(z) + \cdots + f_n(z)$$

称为级数 $\sum\limits_{n=1}^{\infty} f_n(z)$ 的**部分和**.

注 （1）对于 D 内的点 z_0，若 $\sum\limits_{n=1}^{\infty} f_n(z_0)$ 收敛，则称点 z_0 为 $\sum\limits_{n=1}^{\infty} f_n(z)$ 的**收敛点**，收敛点的集合称为 $\sum\limits_{n=1}^{\infty} f_n(z)$ 的**收敛域**；否则，则为发散点，发散点的集合称为**发散域**.

（2）在收敛域内，级数 $\sum\limits_{n=1}^{\infty} f_n(z)$ 收敛于**和函数** $S(z)$，即有

$$\sum_{n=1}^{\infty} f_n(z) = S(z) = \lim_{n \to \infty} S_n(z).$$

§4.2　幂级数与泰勒级数

复变函数中的幂级数和泰勒级数部分，与高等数学中的幂级数和泰勒级数部分几乎没有差别，所以此部分内容仅作简单的介绍，同学们学习时可参考高等数学幂级数、泰勒级数内容学习.

4.2.1　幂级数概念及性质

定义 4.2.1　形如 $\sum\limits_{n=0}^{\infty} c_n(z-z_0)^n = c_0 + c_1(z-z_0) + c_2(z-z_0)^2 + \cdots + c_n(z-z_0)^n + \cdots$ 的复变函数项级数称为**幂级数**，幂级数也可表示为 $\sum\limits_{n=0}^{\infty} c_n z^n$，其中 $z_0, c_n(n=0,1,2,\cdots)$ 为复常数.

定理 4.2.1　**（阿贝尔(Abel)定理）**　如果幂级数 $\sum\limits_{n=0}^{\infty} c_n z^n$ 在 $z = z_0(z_0 \neq 0)$ 处收敛，那么对满足 $|z| < |z_0|$ 的一切 z，该级数绝对收敛；如果在 z_0 处发散，那么对满足 $|z| > |z_0|$ 的一切 z，级数必发散.

定义 4.2.2　若存在正数 R，使得幂级数 $\sum\limits_{n=0}^{\infty} c_n z^n$ 在 $|z| < R$ 内处处收敛，在 $|z| > R$ 内处处发散，则 $\sum\limits_{n=0}^{\infty} c_n z^n$ 的**收敛半径**为 R.

注　（1）若幂级数 $\sum\limits_{n=0}^{\infty} c_n z^n$ 的收敛半径为 R，则 $\sum\limits_{n=0}^{\infty} c_n z^n$ 在 $|z| = R$ 上可能

收敛,也可能发散.

(2) 幂级数在收敛圆域内,绝对收敛;在圆域外,发散;在收敛圆的圆周上可能收敛,也可能发散.

4.2.2 收敛半径的求法

(1) **比值法**

如果 $\lim\limits_{n\to\infty}\left|\dfrac{c_{n+1}}{c_n}\right|=\lambda\neq0$,那么幂级数的收敛半径 $R=\dfrac{1}{\lambda}$.

(2) **根值法**

$\lim\limits_{n\to\infty}\sqrt[n]{|c_n|}=\lambda\neq0$,那么幂级数的收敛半径 $R=\dfrac{1}{\lambda}$.

(1) 如果 $\lambda=0$,则 $R=\infty$;说明在整个复平面上处处收敛.

(2) 如果 $\lambda=\infty$,则 $R=0$;说明仅在 $z=z_0$ 或 $z=0$ 点收敛.

例 1 设幂级数 $\sum\limits_{n=0}^{\infty}c_nz^n$,$\sum\limits_{n=1}^{\infty}nc_nz^{n-1}$ 和 $\sum\limits_{n=0}^{\infty}\dfrac{c_n}{n+1}z^{n+1}$ 的收敛半径分别为

R_1,R_2,R_3,则 R_1,R_2,R_3 之间的关系是 ( )

    A. $R_1<R_2<R_3$ B. $R_1>R_2>R_3$

    C. $R_1=R_2<R_3$ D. $R_1=R_2=R_3$

解 在幂级数 $\sum\limits_{n=0}^{\infty}c_nz^n$ 中,

$$\lim_{n\to\infty}\left|\frac{c_{n+1}}{c_n}\right|=\frac{1}{R_1};$$

在幂级数 $\sum\limits_{n=1}^{\infty}nc_nz^{n-1}$ 中,

$$\lim_{n\to\infty}\left|\frac{(n+1)c_{n+1}}{nc_n}\right|=\lim_{n\to\infty}\frac{n+1}{n}\left|\frac{c_{n+1}}{c_n}\right|=\lim_{n\to\infty}\frac{n+1}{n}\cdot\frac{1}{R_1}=\frac{1}{R_1}=\frac{1}{R_2};$$

在幂级数 $\sum\limits_{n=0}^{\infty}\dfrac{c_n}{n+1}z^{n+1}$ 中,

$$\lim_{n\to\infty}\left|\frac{\frac{c_{n+1}}{n+2}}{\frac{c_n}{n+1}}\right|=\lim_{n\to\infty}\frac{n+1}{n+2}\left|\frac{c_{n+1}}{c_n}\right|=\lim_{n\to\infty}\frac{n+1}{n+2}\cdot\frac{1}{R_1}=\frac{1}{R_1}=\frac{1}{R_3};$$

则

$$R_1 = R_2 = R_3,$$

所以应该选 D.

4.2.3　幂级数 $\sum\limits_{n=0}^{\infty} c_n z^n$ 的性质

设幂级数 $\sum\limits_{n=0}^{\infty} a_n z^n$, $\sum\limits_{n=0}^{\infty} b_n z^n$ 的收敛半径分别为 R_1, R_2, 记 $R = \min\{R_1, R_2\}$, 则有

(1) $\sum\limits_{n=0}^{\infty} (\alpha a_n + \beta b_n) z^n = \alpha \sum\limits_{n=0}^{\infty} a_n z^n + \beta \sum\limits_{n=0}^{\infty} b_n z^n$, $|z| < R$. （线性运算）

(2) $\left(\sum\limits_{n=0}^{\infty} a_n z^n\right)\left(\sum\limits_{n=0}^{\infty} b_n z^n\right) = \sum\limits_{n=0}^{\infty} (a_n b_0 + a_{n-1} b_1 + \cdots + a_0 b_n) z^n$, $|z| < R$. （乘积运算）

定理 4.2.2　设幂级数 $\sum\limits_{n=0}^{\infty} a_n z^n$ 的收敛半径为 $R \neq 0$, 则

(1) 其和函数 $f(z) = \sum\limits_{n=0}^{\infty} a_n z^n$ 是收敛圆内的解析函数;

(2) 在收敛圆内可逐项求导, 收敛半径不变; 且 $f'(z) = \sum\limits_{n=1}^{\infty} n a_n z^{n-1}$, $|z| < R$;

(3) 在收敛圆内可逐项积分, 收敛半径不变; $\int_0^z f(z) \mathrm{d}z = \sum\limits_{n=0}^{\infty} \dfrac{a_n}{n+1} z^{n+1}$, $|z| < R$.

例 2　求和函数 $f(z) = \dfrac{1}{1 \cdot 2} + \dfrac{z}{2 \cdot 3} + \dfrac{z^2}{3 \cdot 4} + \dfrac{z^3}{4 \cdot 5} + \cdots$, $|z| < 1$.

解　对函数 $f(z)$ 两边乘以 z^2, 得

$$z^2 f(z) = \frac{z^2}{1 \cdot 2} + \frac{z^3}{2 \cdot 3} + \frac{z^4}{3 \cdot 4} + \cdots,$$

对上式求导两次得

$$[z^2 f(z)]'' = 1 + z + z^2 + z^3 + \cdots = \frac{1}{1-z},$$

再积分两次得

$$f(z) = \frac{1-z}{z^2}\ln(1-z) + \frac{C_1}{z} + \frac{C_2}{z^2}, z \neq 0, |z| < 1,$$

又根据 $f(z)$ 的定义得，$f(0) = \frac{1}{2}$ 及 $f(1) = 1$，所以

$$\lim_{z \to 0} f(z) = f(0) = \frac{1}{2}, \lim_{z \to 1^-} f(z) = f(1) = 1,$$

从而求解出 $C_1 = 1, C_2 = 0$，则有

$$f(z) = \begin{cases} \dfrac{1-z}{z^2}\ln(1-z) + \dfrac{1}{z}, z \neq 0, |z| < 1, \\ \dfrac{1}{2}, z = 0. \end{cases}$$

4.2.4 泰勒级数及泰勒展开定理

定理 4.2.3 （泰勒展开定理）如果函数 $f(z)$ 在圆域 $D: |z-z_0| < R$ 内解析，则 $f(z)$ 在 D 内可以展开成幂级数（泰勒级数，泰勒展开式）

$$f(z) = \sum_{n=0}^{\infty} c_n (z - z_0)^n, \tag{1}$$

其中 $c_n = \dfrac{f^{(n)}(z_0)}{n!}, n = 0, 1, 2, \cdots$.

（证明从略）

结合幂级数性质，可证明泰勒展开式是唯一的，另外还可得到

定理 4.2.4 函数 $f(z)$ 在区域 D 内解析的充要条件是 $f(z)$ 在 D 内任一点 z_0 的邻域内可展开为关于 $z - z_0$ 的幂级数.

例 3 求函数 $f(z) = e^z$ 在 $z = 0$ 处的泰勒展开式.

解 因为

$$f^{(n)}(z) = e^z (n = 0, 1, 2, \cdots),$$

所以其展开式中的系数 c_n 可由式(1)直接计算得到

$$c_n = \frac{f^{(n)}(0)}{n!} = \frac{1}{n!},$$

解析圆域的收敛半径为 $R = +\infty$.

于是

$$f(z) = \mathrm{e}^z = \sum_{n=0}^{\infty} \frac{z^n}{n!} = 1 + z + \frac{z^2}{2!} + \cdots + \frac{z^n}{n!} + \cdots (\mid z \mid < +\infty).$$

由例 3 可知,函数 e^z 直接应用泰勒展开定理计算其泰勒展开式,这种方法和高等数学中的泰勒级数展开相同,所以可以将高等数学中有关泰勒级数展开的结论平移使用,以下给出一些常见函数的泰勒展开式.

(1) 函数 $f(z) = \sin z$ 在 $z = 0$ 处的泰勒展开式

$$\sin z = \sum_{n=0}^{\infty} \frac{(-1)^n z^{2n+1}}{(2n+1)!} = z - \frac{z^3}{3!} + \frac{z^5}{5!} - \cdots + \frac{(-1)^n z^{2n+1}}{(2n+1)!} + \cdots (\mid z \mid < +\infty).$$

(2) 函数 $f(z) = \cos z$ 在 $z = 0$ 处的泰勒展开式

$$\cos z = \sum_{n=0}^{\infty} \frac{(-1)^n z^{2n}}{(2n)!} = 1 - \frac{z^2}{2!} + \frac{z^4}{4!} - \cdots + \frac{(-1)^n z^{2n}}{(2n)!} + \cdots (\mid z \mid < +\infty).$$

(3) 函数 $f(z) = \dfrac{1}{1-z}$ 在 $z = 0$ 处的泰勒展开式

$$\frac{1}{1-z} = \sum_{n=0}^{\infty} z^n = 1 + z + z^2 + \cdots + z^n + \cdots (\mid z \mid < 1).$$

(4) 函数 $f(z) = \dfrac{1}{1+z}$ 在 $z = 0$ 处的泰勒展开式

$$\frac{1}{1+z} = 1 - z + z^2 - \cdots + (-1)^n z^n + \cdots = \sum_{n=0}^{\infty} (-1)^n z^n (\mid z \mid < 1).$$

(5) 函数 $f(z) = \ln(1+z)$ 在 $z = 0$ 处的泰勒展开式

$$\ln(1+z) = z - \frac{z^2}{2} + \frac{z^3}{3} - \cdots + (-1)^n \frac{z^{n+1}}{n+1} + \cdots$$

$$= \sum_{n=0}^{\infty} \frac{(-1)^n z^{n+1}}{n+1} (\mid z \mid < 1).$$

4.2.5　函数间接展开为泰勒级数

利用已知函数的泰勒展开式及幂级数的代数运算、复合运算和逐项求导、逐项求积等方法将函数间接展开.

例 4　求函数 $f(z) = \dfrac{1}{z-2}$ 在 $z = -1$ 处的泰勒展开式.

解 $\dfrac{1}{z-2}=\dfrac{1}{z+1-3}=-\dfrac{1}{3}\cdot\dfrac{1}{1-\dfrac{z+1}{3}}$

$$=-\dfrac{1}{3}\Big[1+\dfrac{z+1}{3}+\Big(\dfrac{z+1}{3}\Big)^{2}+\cdots+\Big(\dfrac{z+1}{3}\Big)^{n}+\cdots\Big]$$

$$=\sum_{n=0}^{\infty}\dfrac{-(z+1)^{n}}{3^{n+1}},\ |z+1|<3.$$

例 5 试将函数 $f(z)=\dfrac{z}{z+2}$ 在点 $z=1$ 处展成泰勒级数.

解 因为 $z=-2$ 是函数 $f(z)$ 的唯一有限奇点,所以 $f(z)$ 可在 $|z-1|<$
$|1-(-2)|=3$ 内展成泰勒级数,有

$$\dfrac{z}{z+2}=\dfrac{z-1+1}{z-1+3}=\dfrac{z-1}{(z-1)+3}+\dfrac{1}{(z-1)+3}$$

$$=\dfrac{z-1}{3\Big(1+\dfrac{z-1}{3}\Big)}+\dfrac{1}{3\Big(1+\dfrac{z-1}{3}\Big)}$$

$$=\sum_{n=0}^{\infty}\dfrac{(-1)^{n}(z-1)^{n+1}}{3^{n+1}}+\sum_{n=0}^{\infty}\dfrac{(-1)^{n}(z-1)^{n}}{3^{n+1}},|z-1|<3.$$

例 6 将函数 $f(z)=\mathrm{e}^{z}\cos z$ 在点 $z=0$ 处展成泰勒级数.

解 $\mathrm{e}^{z}\cos z=\mathrm{e}^{z}\cdot\dfrac{\mathrm{e}^{\mathrm{i}z}+\mathrm{e}^{-\mathrm{i}z}}{2}=\dfrac{1}{2}\big[\mathrm{e}^{(1+\mathrm{i})z}+\mathrm{e}^{(1-\mathrm{i})z}\big]$

$$=\dfrac{1}{2}\Big[\sum_{n=0}^{\infty}\dfrac{(1+\mathrm{i})^{n}}{n!}z^{n}+\sum_{n=0}^{\infty}\dfrac{(1-\mathrm{i})^{n}}{n!}z^{n}\Big]$$

$$=\dfrac{1}{2}\sum_{n=0}^{\infty}\Big[\dfrac{(1+\mathrm{i})^{n}+(1-\mathrm{i})^{n}}{n!}\Big]z^{n}.$$

又 $(1+\mathrm{i})^{n}=\Big[\sqrt{2}\Big(\cos\dfrac{\pi}{4}+\mathrm{i}\sin\dfrac{\pi}{4}\Big)\Big]^{n}=2^{\frac{n}{2}}\Big(\cos\dfrac{n\pi}{4}+\mathrm{i}\sin\dfrac{n\pi}{4}\Big);$

$(1-\mathrm{i})^{n}=2^{\frac{n}{2}}\Big[\cos\Big(-\dfrac{n\pi}{4}\Big)+\mathrm{i}\sin\Big(-\dfrac{n\pi}{4}\Big)\Big]=2^{\frac{n}{2}}\Big(\cos\dfrac{n\pi}{4}-\mathrm{i}\sin\dfrac{n\pi}{4}\Big),$

所以有 $\mathrm{e}^{z}\cos z=\sum_{n=0}^{\infty}\dfrac{2^{\frac{n}{2}}\cos\dfrac{n\pi}{4}}{n!}z^{n},\ |z|<+\infty.$

§4.3　洛朗级数

4.3.1　洛朗级数及洛朗定理

定义 4.3.1　形如 $\sum\limits_{n=-\infty}^{\infty} c_n (z-z_0)^n = \cdots + c_{-n}(z-z_0)^{-n} + \cdots + c_{-1}(z-z_0)^{-1} + c_0 + c_1(z-z_0) + \cdots + c_n(z-z_0)^n + \cdots$ 的级数称为洛朗级数,其中 c_n $(n = 0, \pm 1, \pm 2, \cdots)$, z_0 均为复常数.

由定义 4.3.1 可知,洛朗级数由两部分构成,含有 $z-z_0$ 的非负整数次幂 $\sum\limits_{n=0}^{\infty} c_n(z-z_0)^n$ (解析部分) 及负整数次幂 $\sum\limits_{n=-\infty}^{-1} c_n(z-z_0)^n$ (主要部分). 对于 $\sum\limits_{n=0}^{\infty} c_n(z-z_0)^n$,易求其收敛半径为 R,当 $|z-z_0| < R$ 时, $\sum\limits_{n=0}^{\infty} c_n(z-z_0)^n$ 收敛. 对于 $\sum\limits_{n=-\infty}^{-1} c_n (z-z_0)^n$,即为

$$c_{-1}\frac{1}{z-z_0} + \cdots + c_{-n}\left(\frac{1}{z-z_0}\right)^n + c_{-(n+1)}\left(\frac{1}{z-z_0}\right)^{n+1} + \cdots$$

计算级数的收敛半径为 $\dfrac{1}{r}$,则当 $\left|\dfrac{1}{z-z_0}\right| < \dfrac{1}{r}$ 时, $\sum\limits_{n=-\infty}^{-1} c_n(z-z_0)^n$ 收敛,也就是当 $|z-z_0| > r$ 时,级数 $\sum\limits_{n=-\infty}^{-1} c_n(z-z_0)^n$ 收敛.

所以当 $r < R$ 时,洛朗级数在圆环 $r < |z-z_0| < R$ 内收敛;当 $r \geqslant R$ 时,洛朗级数发散.

定理 4.3.1(洛朗展开定理)　设函数 $f(z)$ 在圆环域 $r < |z-z_0| < R$ 内处处解析,C 为圆环域内绕 z_0 的任意一条正向简单闭曲线,ξ 为 C 上任一点,则在此圆环域内,有

$$f(\xi) = \sum_{n=-\infty}^{\infty} c_n(\xi-z_0)^n.$$

其中 $c_n = \dfrac{1}{2\pi \mathrm{i}} \oint_C \dfrac{f(\xi)}{(\xi-z_0)^{n+1}} \mathrm{d}\xi (n = 0, \pm 1, \pm 2, \cdots)$.

（证明从略）

$f(z)$ 在圆环域 $r<|z-z_0|<R$ 内的洛朗展开式是唯一的.

4.3.2 函数展开为洛朗级数

一般只能用间接法将函数展开为洛朗级数.

例1 将 $f(z)=z^2 e^{\frac{1}{z}}$ 在 $0<|z|<\infty$ 内展开成洛朗级数.

解 因为 $e^{\frac{1}{z}}=\sum_{n=0}^{\infty}\left[\dfrac{1}{n!}\cdot\left(\dfrac{1}{z}\right)^n\right],0<|z|<\infty$,

所以 $f(z)=z^2 e^{\frac{1}{z}}=z^2\sum_{n=0}^{\infty}\left[\dfrac{1}{n!}\cdot\left(\dfrac{1}{z}\right)^n\right]$

$$=\sum_{n=0}^{\infty}\frac{z^{-n+2}}{n!},0<|z|<\infty.$$

例2 试将函数 $f(z)=(z^2-3z+2)^{-1}$ 在圆环 $1<|z|<2$ 内展成洛朗级数.

解 因为 $f(z)$ 在圆环 $1<|z|<2$ 内解析,所以 $f(z)$ 在该圆环内可展成洛朗级数,且展式是唯一的.

利用展开式

$$\frac{1}{1-z}=\sum_{n=0}^{\infty}z^n,|z|<1,$$

将 $f(z)$ 展成洛朗级数. 由 $1<|z|<2$ 得

$$\left|\frac{1}{z}\right|<1 \text{ 及 } \left|\frac{z}{2}\right|<1,$$

故

$$f(z)=\frac{1}{(z-1)(z-2)}=\frac{1}{z-2}-\frac{1}{z-1}$$

$$=-\frac{1}{2\left(1-\dfrac{z}{2}\right)}-\frac{1}{z\left(1-\dfrac{1}{z}\right)}$$

$$=-\sum_{n=0}^{\infty}\frac{z^n}{2^{n+1}}-\sum_{n=0}^{\infty}\frac{1}{z^{n+1}},1<|z|<2.$$

例3 将函数 $f(z)=\dfrac{1}{(z+1)(z-3)}$ 在指定圆环域内展开为洛朗级数.

（1）$1<|z|<3$；

（2）$3<|z|$；

解 （1）先把 $f(z)$ 用部分分式来表示：

$$f(z)=\frac{1}{(z+1)(z-3)}=\frac{1}{4}\left(\frac{1}{z-3}-\frac{1}{z+1}\right).$$

当 $1<|z|<3$ 时，有 $\frac{1}{3}<\left|\frac{z}{3}\right|<1$，$\left|\frac{1}{z}\right|<1$，所以有

$$\frac{1}{z-3}=-\frac{1}{3}\cdot\frac{1}{1-\frac{z}{3}}=-\frac{1}{3}\sum_{n=0}^{\infty}\left(\frac{z}{3}\right)^{n};$$

$$\frac{1}{z+1}=\frac{1}{z}\cdot\frac{1}{1-\left(-\frac{1}{z}\right)}=\frac{1}{z}\sum_{n=0}^{\infty}\left(-\frac{1}{z}\right)^{n}=-\sum_{n=0}^{\infty}\left(-\frac{1}{z}\right)^{n+1},$$

所以

$$f(z)=\frac{1}{4}\sum_{n=0}^{\infty}\left(-\frac{1}{z}\right)^{n+1}-\frac{1}{12}\sum_{n=0}^{\infty}\left(\frac{z}{3}\right)^{n}.$$

（2）当 $3<|z|$ 时，有 $\left|\frac{1}{z}\right|<\frac{1}{3}<1$，$\left|\frac{3}{z}\right|<1$，所以有

$$\frac{1}{z-3}=\frac{1}{z}\cdot\frac{1}{1-\frac{3}{z}}=\frac{1}{z}\sum_{n=0}^{\infty}\left(\frac{3}{z}\right)^{n}=\frac{1}{3}\sum_{n=0}^{\infty}\left(\frac{3}{z}\right)^{n+1};$$

$$\frac{1}{z+1}=\frac{1}{z}\cdot\frac{1}{1-\left(-\frac{1}{z}\right)}=\frac{1}{z}\sum_{n=0}^{\infty}\left(-\frac{1}{z}\right)^{n}=-\sum_{n=0}^{\infty}\left(-\frac{1}{z}\right)^{n+1},$$

所以

$$f(z)=\frac{1}{4}\sum_{n=0}^{\infty}\left(-\frac{1}{z}\right)^{n+1}+\frac{1}{12}\sum_{n=0}^{\infty}\left(\frac{3}{z}\right)^{n+1}.$$

例 4 将 $f(z)=\frac{1}{z(z-3)}$ 展开为洛朗级数.

（1）以 $z=0$ 为中心；

（2）以 $z=3$ 为中心.

解 （1）$f(z)$ 的奇点为 $z=0$ 和 $z=3$，$f(z)$ 在以 $z=0$ 为中心的圆环 $0<$

$|z|<3$ 及 $3<|z|<+\infty$ 内解析.

当 $0<|z|<3$ 时，$0<\left|\dfrac{z}{3}\right|<1$，有

$$f(z)=\frac{1}{z(z-3)}=-\frac{1}{3z}\cdot\frac{1}{1-\dfrac{z}{3}}$$

$$=-\frac{1}{3z}\sum_{n=0}^{\infty}\left(\frac{z}{3}\right)^{n}=-\frac{1}{9}\sum_{n=0}^{\infty}\left(\frac{z}{3}\right)^{n-1};$$

当 $3<|z|<+\infty$ 时，有 $\left|\dfrac{3}{z}\right|<1$，所以有

$$f(z)=\frac{1}{z(z-3)}=\frac{1}{z^{2}}\cdot\frac{1}{1-\dfrac{3}{z}}$$

$$=\frac{1}{z^{2}}\sum_{n=0}^{\infty}\left(\frac{3}{z}\right)^{n}=\frac{1}{9}\sum_{n=0}^{\infty}\left(\frac{3}{z}\right)^{n+2}.$$

（2）$f(z)$ 在以 $z=3$ 为中心的圆环 $0<|z-3|<3$ 及 $3<|z-3|<+\infty$ 内解析

当 $0<|z-3|<3$ 时，$0<\left|\dfrac{z-3}{3}\right|<1$，有

$$f(z)=\frac{1}{z(z-3)}=\frac{1}{(z-3+3)(z-3)}$$

$$=\frac{1}{3(z-3)}\cdot\frac{1}{1-\left(-\dfrac{z-3}{3}\right)}$$

$$=\frac{1}{3(z-3)}\sum_{n=0}^{\infty}\left(-\frac{z-3}{3}\right)^{n}$$

$$=-\frac{1}{9}\sum_{n=0}^{\infty}\left(-\frac{z-3}{3}\right)^{n-1};$$

当 $3<|z-3|<+\infty$ 时，有 $\left|\dfrac{1}{z-3}\right|<\dfrac{1}{3}<1$，所以有

$$f(z)=\frac{1}{z(z-3)}=\frac{1}{(z-3+3)(z-3)}$$

$$= \frac{1}{(z-3)^2} \cdot \frac{1}{1-\left(-\dfrac{3}{z-3}\right)}$$

$$= \frac{1}{(z-3)^2} \sum_{n=0}^{\infty} \left(-\frac{3}{z-3}\right)^n$$

$$= \frac{1}{9} \sum_{n=0}^{\infty} \left(-\frac{3}{z-3}\right)^{n+2}.$$

例5　将 $f(z)=\dfrac{z+1}{z^2(z-1)}$ 分别在圆环域 $0<|z|<1$ 及 $1<|z|<+\infty$ 内展为洛朗级数.

解　分解 $f(x)$ 为部分分式

$$f(z)=-\frac{1}{z^2}-\frac{2}{z}+\frac{2}{z-1}.$$

(1) 在 $0<|z|<1$ 内展为洛朗级数

$$f(z)=-\frac{1}{z^2}-\frac{2}{z}-2 \cdot \frac{1}{1-z}$$

$$=-\frac{1}{z^2}-\frac{2}{z}-2(1+z+z^2+z^3+\cdots)$$

$$=-\frac{1}{z^2}-\frac{2}{z}-2\sum_{n=0}^{\infty} z^n.$$

(2) 在 $1<|z|<+\infty$ 内展为洛朗级数

$$f(z)=-\frac{1}{z^2}-\frac{2}{z}+\frac{2}{z} \cdot \frac{1}{1-\dfrac{1}{z}}$$

$$=-\frac{1}{z^2}-\frac{2}{z}+\frac{2}{z}\left(1+\frac{1}{z}+\frac{1}{z^2}+\frac{1}{z^3}+\cdots\right)$$

$$=\frac{1}{z^2}+2\sum_{n=1}^{\infty} \frac{1}{z^{n+2}}.$$

注　$f(z)$ 为有理分式函数时,应先分解 $f(z)$ 为部分分式,然后展为洛朗级数.

习题 4

1. 复级数 $\sum\limits_{n=1}^{\infty} a_n$ 与 $\sum\limits_{n=1}^{\infty} b_n$ 都发散,则级数 $\sum\limits_{n=1}^{\infty}(a_n \pm b_n)$ 和 $\sum\limits_{n=1}^{\infty} a_n b_n$ 发散. 这个命题是否成立?为什么?

2. 下列复数项级数是否收敛,是绝对收敛还是条件收敛?

(1) $\sum\limits_{n=1}^{\infty} \dfrac{1+\mathrm{i}^{2n+1}}{n}$;　　　　(2) $\sum\limits_{n=1}^{\infty}\left(\dfrac{1+5\mathrm{i}}{2}\right)^n$;　　　　(3) $\sum\limits_{n=1}^{\infty} \dfrac{\mathrm{i}^n}{\ln n}$.

3. 讨论级数 $\sum\limits_{n=0}^{\infty}(z^{n+1}-z^n)$ 的敛散性.

4. 幂级数 $\sum\limits_{n=0}^{\infty} c_n(z-2)^n$ 能否在 $z=0$ 处收敛而在 $z=3$ 处发散?

5. 若 $\sum\limits_{n=0}^{\infty} c_n z^n$ 的收敛半径为 R,求 $\sum\limits_{n=0}^{\infty} \dfrac{c_n}{b^n} z^n$ 的收敛半径.

6. 求下列级数的收敛半径.

(1) $\sum\limits_{n=0}^{\infty} \dfrac{(z-\mathrm{i})^n}{n^p}$;　　　　(2) $\sum\limits_{n=0}^{\infty} n^p \cdot z^n$;

(3) $\sum\limits_{n=0}^{\infty}(-\mathrm{i})^{n-1} \cdot \dfrac{2n-1}{2^n} \cdot z^{2n-1}$.

7. 求下列级数的和函数.

(1) $\sum\limits_{n=1}^{\infty}(-1)^{n-1} \cdot n z^n$;　　　　(2) $\sum\limits_{n=0}^{\infty}(-1)^n \cdot \dfrac{z^{2n}}{(2n)!}$.

8. 用间接法将下列函数展开为泰勒级数,并指出其收敛域.

(1) $\dfrac{1}{2z-3}$ 在 $z=0$ 和 $z=1$ 处;

(2) $\arctan z$ 在 $z=0$ 处;

(3) $\dfrac{1}{(z+1)(z+2)}$ 在 $z=2$ 处.

9. 求函数 $f(z)=\dfrac{2z+1}{z^2+z-2}$ 的以 $z=0$ 为中心的各个圆环域内的洛朗级数.

第五章　留数及其应用

本章所介绍的留数是复积分和复级数理论结合产生的概念,它在复变函数及其实际应用中都很重要,与围线积分计算紧密相关.本章首先以洛朗级数为工具研究解析函数孤立奇点的分类,然后在此基础上引入留数的概念,介绍留数的计算方法和留数定理,最后利用留数定理解决一些比较复杂的实积分.

§5.1　孤立奇点与零点

5.1.1　孤立奇点

定义 5.1.1　若函数 $f(z)$ 在 z_0 点不解析,但在 z_0 的一个去心邻域 $0<|z-z_0|<\delta$ 内解析,则称 z_0 为 $f(z)$ 的**孤立奇点**.

例 1　$z=0$ 为函数 $f(z)=\dfrac{1}{z}$ 的孤立奇点.

例 2　$z_1=1$ 和 $z_2=-\mathrm{i}$ 为函数 $f(z)=\dfrac{1}{(z-1)(z+\mathrm{i})}$ 的两个孤立奇点.

在孤立奇点 $z=z_0$ 的去心邻域内,函数 $f(z)$ 可展开为洛朗级数

$$f(z) = \sum_{n=-\infty}^{\infty} c_n(z-z_0)^n. \tag{1}$$

洛朗级数的非负次幂部分 $\sum\limits_{n=0}^{\infty} c_n(z-z_0)^n$ 表示 z_0 的邻域 $|z-z_0|<\delta$ 内的解析函数.函数 $f(z)$ 在点 z_0 的奇异性质完全体现在洛朗级数的负次幂部分 $\sum\limits_{n=-\infty}^{-1} c_n(z-z_0)^n$,所以根据洛朗级数展开中主要部分负幂项的不同情况,将函数的孤立奇点进行分类.

定义 5.1.2　设 z_0 为 $f(z)$ 的孤立奇点,式(1)为 $f(z)$ 在 $0<|z-z_0|<\delta$ 的洛朗级数展开式,则

(1) **可去奇点**:展开式(1)中不含 $z-z_0$ 的负幂项,即

$$f(z)=c_0+c_1(z-z_0)+c_2(z-z_0)^2+\cdots$$

则 z_0 为 $f(z)$ 的可去奇点.

(2) **极点**:展开式(1)中含有限项 $z-z_0$ 的负幂项,即

$$f(z)=\frac{c_{-m}}{(z-z_0)^m}+\frac{c_{-(m-1)}}{(z-z_0)^{m-1}}+\cdots+\frac{c_{-1}}{z-z_0}+c_0+c_1(z-z_0)+c_2(z-$$

$$z_0)^2+\cdots=\frac{g(z)}{(z-z_0)^m},$$

其中 $g(z)=c_{-m}+c_{-(m-1)}(z-z_0)+\cdots+c_{-1}(z-z_0)^{m-1}+c_0(z-z_0)^m+\cdots$ 在 z_0 解析,且 $g(z_0)\neq0,m\geqslant1,c_{-m}\neq0,z_0$ 为 $f(z)$ 的 m 阶极点.称一阶极点为简单极点.

(3) **本性奇点**:展开式(1)中含无穷多项 $z-z_0$ 的负幂项,即

$$f(z)=\cdots+\frac{c_{-m}}{(z-z_0)^m}+\cdots+\frac{c_{-1}}{(z-z_0)}+c_0+c_1(z-z_0)$$

$$+\cdots+c_m(z-z_0)^m+\cdots$$

则 z_0 为 $f(z)$ 的本性奇点.

据三种孤立奇点的洛朗级数展开情况,可以从函数的性态来刻画各类奇点的特征.

定理 5.1.1　z_0 为 $f(z)$ 的可去奇点的充要条件是 $\lim\limits_{z\to z_0}f(z)=c_0$ 常数.

(证明从略)

定理 5.1.2　z_0 为 $f(z)$ 的 m 阶极点的充要条件是在 z_0 的一个去心邻域 $0<|z-z_0|<\delta$ 内有

$$f(z)=\frac{g(z)}{(z-z_0)^m},$$

其中 $g(z)$ 在 z_0 解析,且 $g(z_0)\neq0$.

(证明从略)

根据定理 5.1.2 可推导出定理 5.1.3.

定理 5.1.3 z_0 为 $f(z)$ 的极点的充要条件为 $\lim\limits_{z \to z_0} f(z) = \infty$；$z_0$ 为 $f(z)$ 的 m 阶极点的充要条件是 $\lim\limits_{z \to z_0} (z - z_0)^m f(z) = c_{-m}$，其中 $m \geqslant 1, m \in \mathbf{N}, c_{-m} \neq 0$.

例 3 指出函数 $f(z) = \dfrac{\sin z}{z}$ 的孤立奇点及其类型.

解 $\sin z$ 和 z 在全平面解析，所以仅有 $z = 0$ 为 $f(z)$ 的孤立奇点，又

$$\lim_{z \to 0} \frac{\sin z}{z} = 1,$$

所以 $z = 0$ 为 $f(z)$ 可去奇点.

例 4 指出函数 $f(z) = \dfrac{1}{(z-2)^2 (z+3)^3}$ 的孤立奇点及其类型.

解 显然 $z = 2$ 和 $z = -3$ 为函数 $f(z)$ 的两个孤立奇点，并且在 $z = 2$ 和 $z = -3$ 的附近，函数可表示为

$$f(z) = \frac{\frac{1}{(z+3)^3}}{(z-2)^2}, \quad f(z) = \frac{\frac{1}{(z-2)^2}}{(z+3)^3},$$

$\dfrac{1}{(z+3)^3}$ 在 $z = 2$ 的邻域内解析，且在 $z = 2$ 时不等于 0，所以 $z = 2$ 是函数 $f(z)$ 的二阶极点. 同理可知，$z = -3$ 是 $f(z)$ 的三阶极点.

例 5 判定 $f(z) = \mathrm{e}^{\frac{1}{z}}$ 的孤立奇点情况.

解 $z = 0$ 为 $f(z)$ 的唯一孤立奇点，将 $f(z)$ 在 $0 < |z| < +\infty$ 内展开为洛朗级数，有

$$\mathrm{e}^{\frac{1}{z}} = \sum_{n=0}^{\infty} \frac{1}{n!} \left(\frac{1}{z} \right)^n = \sum_{n=0}^{\infty} \frac{1}{n!} z^{-n}$$

级数包含有无限多个负次幂项，所以 $z = 0$ 为 $\mathrm{e}^{\frac{1}{z}}$ 的本性奇点.

例 6 函数 $f(z) = \dfrac{z}{(z-1)^2} = \dfrac{1}{(z-1)} + \dfrac{1}{(z-1)^2}$，$z = 1$ 是 $f(z)$ 的二阶极点.

例 7 函数 $g(z) = \dfrac{z+2\mathrm{i}}{(z^2+1)(z-2)^4}$，$z = 2$ 是 $g(z)$ 的四阶极点，而 $z = \pm\mathrm{i}$ 是 $g(z)$ 的一阶极点.

5.1.2　函数零点与极点的关系

定义 5.1.3　若 $f(z) = (z-z_0)^m \varphi(z)$，其中 $\varphi(z)$ 在 z_0 解析，$\varphi(z_0) \neq 0$，m 为正整数，称 z_0 为 $f(z)$ 的 m 阶零点.

由定义 5.1.3 可知，一个不恒为零的解析函数的零点是孤立的.

例 8　判定 $f(z) = z^2(z-2)^3$ 的零点情况.

解　由定义 5.1.3 可知，$z=0$ 为 $f(z)$ 的二阶零点，$z=2$ 为 $f(z)$ 的三阶零点.

定理 5.1.4　如果 $f(z)$ 在 z_0 解析，那么 z_0 为 $f(z)$ 的 m 阶零点的充要条件是 $f^{(n)}(z_0) = 0 (n=0,1,2,\cdots,m-1)$，且 $f^{(m)}(z_0) \neq 0$.

（证明从略）

例 9　判定 $f(z) = z - \sin z$ 的零点情况.

解　$f(0) = 0 - \sin 0 = 0$；$f'(z) = 1 - \cos z$，$f'(0) = 1 - \cos 0 = 0$；

$f''(z) = \sin z$，$f''(0) = \sin 0 = 0$；$f'''(z) = \cos z$，$f'''(0) = \cos 0 = 1$，

所以 $z = 0$ 为 $f(z)$ 的三阶零点.

函数的零点与极点有如下关系：

定理 5.1.5　z_0 是 $f(z)$ 的 m 阶零点 $\Leftrightarrow z_0$ 是 $\dfrac{1}{f(z)}$ 的 m 阶极点.

（证明从略）

例 10　判定 $f(z) = \dfrac{1}{\cos z}$ 的孤立奇点情况.

解　$f(z) = \dfrac{1}{\cos z}$ 的孤立奇点等价于 $\cos z$ 的零点，这些奇点为 $z = k\pi + \dfrac{\pi}{2}$ $(k=0,\pm1,\pm2,\cdots)$，且为孤立奇点.

$$(\cos z)' \Big|_{z=k\pi+\frac{\pi}{2}} = -\sin z \Big|_{z=k\pi+\frac{\pi}{2}} = (-1)^{k+1} \neq 0 (k \in \mathbf{Z}),$$

所以 $z = k\pi + \dfrac{\pi}{2}$ 为 $\cos z$ 的一阶零点，即为 $f(z)$ 的一阶极点.

例 11　设 $f(z) = 5(1+e^z)^{-1}$，试求 $f(z)$ 在复平面上的奇点，并判定其类别.

解　首先,求 $f(z)$ 的奇点. $f(z)$ 的奇点出自方程
$$1+e^z=0$$
的解. 解方程得
$$z=\mathrm{Ln}(-1)=(2k+1)\pi\mathrm{i}(k\in\mathbf{Z}),$$

若设 $z_k=(2k+1)\pi\mathrm{i}(k\in\mathbf{Z})$,则易知 z_k 为 $f(z)$ 的孤立奇点. 另外,因为
$$(1+e^z)\Big|_{z=z_k}=0,(1+e^z)'\Big|_{z=z_k}\neq0,$$
所以由零点的定义知 $z_k=(2k+1)\pi\mathrm{i}(k\in\mathbf{Z})$ 为 $1+e^z$ 的一阶零点. 从而知 $z_k=(2k+1)\pi\mathrm{i}(k\in\mathbf{Z})$ 均为 $f(z)$ 的一阶极点.

§5.2　留数定理

5.2.1　留数的概念及留数定理

设 z_0 为 $f(z)$ 的孤立奇点,根据洛朗级数展开式可知,
$$c_n=\frac{1}{2\pi\mathrm{i}}\oint_C\frac{f(z)}{(z-z_0)^{n+1}}\mathrm{d}z,\ \text{取}\ n=-1,\ \text{则有}$$

$$\oint_C f(z)\mathrm{d}z=2\pi\mathrm{i}c_{-1}.\tag{1}$$

这说明 $f(z)$ 在孤立奇点 z_0 处的洛朗级数展开式中负一次幂项系数 c_{-1} 在研究函数的积分中有着重要的地位.

定义 5.2.1　设 z_0 为函数 $f(z)$ 的孤立奇点,函数 $f(z)$ 在 z_0 的去心邻域 $0<|z-z_0|<\delta$ 内解析,C 为该邻域内包含 z_0 的任一正向简单闭曲线,则称积分
$$\frac{1}{2\pi\mathrm{i}}\oint_C f(z)\mathrm{d}z$$
为 $f(z)$ 在 z_0 的**留数**,记作 $\mathrm{Res}[f(z),z_0]$,即
$$\mathrm{Res}[f(z),z_0]=\frac{1}{2\pi\mathrm{i}}\oint_C f(z)\mathrm{d}z.\tag{2}$$

若 z_0 是 $f(z)$ 的孤立奇点,则

$$\text{Res}[f(z),z_0]=c_{-1},\tag{3}$$

其中 c_{-1} 为 $f(z)$ 在 z_0 的去心邻域内洛朗展开式中 $(z-z_0)^{-1}$ 的系数. 很显然,当 z_0 是 $f(z)$ 的可去奇点时,则 $\text{Res}[f(z),z_0]=0$;若 z_0 为 $f(z)$ 的本性奇点,则只能将 $f(z)$ 展开为 z_0 的洛朗级数计算留数.

例1　求 $f(z)=z\mathrm{e}^{\frac{1}{z}}$ 在孤立奇点 $z=0$ 处的留数.

解　在 $0<|z|<\infty$ 内,

$$\mathrm{e}^{\frac{1}{z}}=\sum_{n=0}^{\infty}\left[\frac{1}{n!}\cdot\left(\frac{1}{z}\right)^n\right],\quad z\mathrm{e}^{\frac{1}{z}}=\sum_{n=0}^{\infty}\left[\frac{1}{n!}\cdot\left(\frac{1}{z}\right)^{n-1}\right]$$

$$=z+1+\frac{1}{2z}+\frac{1}{6z^2}+\cdots$$

所以 $\text{Res}[z\mathrm{e}^{\frac{1}{z}},0]=\dfrac{1}{2}$.

定理 5.2.1(留数定理)　设 $f(z)$ 在区域 D 内除有限个孤立奇点 $z_1,z_2\cdots,z_n$ 外处处解析,C 为 D 内包围诸奇点的一条正向简单闭曲线,则

$$\oint_C f(z)\mathrm{d}z=2\pi\mathrm{i}\sum_{k=1}^{n}\text{Res}[f(z),z_k].$$

(证明从略)

注　留数定理把求沿简单闭曲线积分的整体问题转化为求被积函数 $f(z)$ 在 C 内各孤立奇点处留数的局部问题.

5.2.2　函数在极点的留数

若 z_0 是 $f(z)$ 的极点,可结合求导和取极限的办法,计算极点处的留数.

法则 I　若 z_0 是 $f(z)$ 的简单极点,则

$$\text{Res}[f(z),z_0]=\lim_{z\to z_0}(z-z_0)f(z).$$

证　因为 z_0 是 $f(z)$ 的简单极点,所以有 $f(z)=\dfrac{c_{-1}}{z-z_0}+c_0+c_1(z-z_0)+\cdots$,

所以

$$(z-z_0)f(z)=c_{-1}+c_0(z-z_0)+c_1(z-z_0)^2+\cdots$$

从而有

$$\text{Res}[f(z),z_0]=\lim_{z\to z_0}(z-z_0)f(z)=c_{-1}.$$

例 2　求 $f(z) = \dfrac{1}{(z-1)(z+2)}$ 在各孤立奇点处的留数.

解　$f(z)$ 的孤立奇点为 $z=1, z=-2$,且都为一阶极点,所以

$$\text{Res}[f(z),1] = \lim_{z \to 1}(z-1)f(z) = \lim_{z \to 1}\frac{1}{z+2} = \frac{1}{3};$$

$$\text{Res}[f(z),-2] = \lim_{z \to -2}(z+2)f(z) = \lim_{z \to -2}\frac{1}{z-1} = -\frac{1}{3}.$$

法则 II　设 $f(z) = \dfrac{P(z)}{Q(z)}$, $P(z)$, $Q(z)$ 在 z_0 均解析,$P(z_0) \neq 0$,z_0 为 $Q(z)$ 的一阶零点,则

$$\text{Res}\left[\frac{P(z)}{Q(z)}, z_0\right] = \frac{P(z_0)}{Q'(z_0)}.$$

证　因为 z_0 为 $Q(z)$ 的一阶零点,则 $Q(z_0)=0$,所以 z_0 为 $f(z)$ 的一阶极点,由法则 I 可知

$$\text{Res}\left[\frac{f(z)}{f(z)}, z_0\right] = \lim_{z \to z_0}(z-z_0)\frac{P(z)}{Q(z)} = \lim_{z \to z_0}\frac{P(z)}{\dfrac{Q(z)-Q(z_0)}{z-z_0}} = \frac{P(z_0)}{Q'(z_0)}.$$

例 3　设 $f(z) = \dfrac{5z-2}{z(z-1)}$,求 $\text{Res}[f(z),0]$.

解法 1　取 $C: |z| = \dfrac{1}{4}$,由留数定义得

$$\text{Res}[f(z),0] = \frac{1}{2\pi i}\int_{|z|=\frac{1}{4}}\frac{5z-2}{z(z-1)}\mathrm{d}z = \frac{1}{2\pi i}\int_{|z|=\frac{1}{4}}\frac{\dfrac{5z-2}{z-1}}{z}\mathrm{d}z$$

$$= \left.\left(\frac{5z-2}{z-1}\right)\right|_{z=0} = 2.$$

注　这里的积分路径的半径并非只能取 $\dfrac{1}{4}$,只须使半径小于 1 即可满足定义 5.2.1 的条件.

解法 2　因点 $z=0$ 为 $f(z)$ 的孤立奇点,所以,在 $0 < |z| < \dfrac{1}{3}$ 内有

$$f(z) = \frac{5z-2}{z} \cdot \frac{(-1)}{1-z} = \left(\frac{2}{z}-5\right) \cdot \sum_{n=0}^{\infty}z^n$$

$$= \frac{2}{z} - 3 \sum_{n=0}^{\infty} z^n.$$

由此得 $c_{-1} = 2$,依式(3)得 $\text{Res}[f(z), 0] = 2$.

解法 3 因点 $z = 0$ 为 $f(z)$ 的一阶极点,所以,依法则 I 得

$$\text{Res}[f(z), 0] = \lim_{z \to 0} \left[z \cdot \frac{5z - 2}{z(z - 1)} \right] = 2.$$

解法 4 因点 $z = 0$ 为 $f(z) = \frac{5z - 2}{z(z - 1)}$ 的一阶极点,所以由法则 II 得

$$\text{Res}[f(z), 0] = \left\{ \frac{5z - 2}{[z(z - 1)]'} \right\} \Big|_{z=0} = 2.$$

例 4 求函数 $f(z) = \frac{z^2}{\cos z}$ 在 $z = -\frac{\pi}{2}$ 的留数.

解 $z = -\frac{\pi}{2}$ 为 $f(z)$ 的一阶极点,考虑采用法则 II 计算留数,

$$\text{Res}\left[\frac{z^2}{\cos z}, -\frac{\pi}{2} \right] = \frac{z^2}{-\sin z} \Big|_{-\frac{\pi}{2}} = \frac{\pi^2}{4}.$$

法则 III 若 z_0 是 $f(z)$ 的 m 阶极点,则

$$\text{Res}[f(z), z_0] = \frac{1}{(m - 1)!} \lim_{z \to z_0} \frac{\mathrm{d}^{m-1}}{\mathrm{d}z^{m-1}} [(z - z_0)^m f(z)].$$

(证明从略)

注 若 z_0 是 $f(z)$ 的一阶极点,也满足法则 III,即法则 I 为法则 III 在 $m = 1$ 时的特殊情况,从而有 $\text{Res}[f(z), z_0] = \lim_{z \to z_0} (z - z_0) f(z)$;如果极点的实际阶数比 m 低,法则 III 仍然有效.

例 5 求函数 $f(z) = \frac{\mathrm{e}^{-z}}{z^3}$ 在 $z = 0$ 的留数.

解 $z = 0$ 为 $f(z)$ 的三阶极点,采用法则 III 计算留数,

$$\text{Res}\left[\frac{\mathrm{e}^{-z}}{z^3}, 0 \right] = \frac{1}{2!} \lim_{z \to 0} \frac{\mathrm{d}^2}{\mathrm{d}z^2} [z^3 f(z)] = \frac{1}{2} \lim_{z \to 0} \mathrm{e}^{-z} = \frac{1}{2}.$$

例 6 计算 $\oint_{|z|=2} \frac{\sin^2 z}{z^2(z + 1)} \mathrm{d}z$.

解 $f(z) = \frac{\sin^2 z}{z^2(z + 1)}$ 在圆周 $|z| = 2$ 内有可去奇点 $z = 0$ 和一阶极点 $z =$

-1. 可去奇点的留数为 0,$\mathrm{Res}[f(z),0]=0$, 又

$$\mathrm{Res}[f(z),-1]=\lim_{z\to-1}(z+1)\frac{\sin^2 z}{z^2(z+1)}=\lim_{z\to-1}\frac{\sin^2 z}{z^2}=\sin^2 1.$$

由留数定理得

$$\oint_{|z|=2}\frac{\sin^2 z}{z^2(z+1)}\mathrm{d}z=2\pi\mathrm{i}\sin^2 1.$$

5.2.3 无穷远点的留数

由于利用定理 5.2.1 计算积分时,需要计算闭路内各有限孤立奇点处留数之和,故当奇点较多时计算量较大,为了计算的方便,考虑引入扩充复平面中 ∞ 处的留数.

定义 5.2.2 若存在 $R>0$,使得 $f(z)$ 在 $R<|z|<+\infty$ 内解析,则称 ∞ 为函数 $f(z)$ 的孤立奇点,并称

$$\frac{1}{2\pi\mathrm{i}}\int_{C^-}f(z)\mathrm{d}z(C:|z|=\rho>R)$$

为 $f(z)$ 在 ∞ 处的留数,记作 $\mathrm{Res}[f(z),\infty]$,$C^-$ 为顺时针方向,即

$$\mathrm{Res}[f(z),\infty]=\frac{1}{2\pi\mathrm{i}}\int_{C^-}f(z)\mathrm{d}z.$$

定理 5.2.2 如果函数 $f(z)$ 在扩充复平面内只有有限个孤立奇点 z_1,$z_2\cdots,z_n$,∞,则各点留数之和为零.

证 考虑充分大的正数 $R>0$,使得 $z_1,z_2\cdots,z_n$ 全在 $|z|<R$ 内,于是由留数定理得

$$\oint_{|z|=R}f(z)\mathrm{d}z=2\pi\mathrm{i}\sum_{k=1}^{n}\mathrm{Res}[f(z),z_k],$$

根据 $\mathrm{Res}[f(z),\infty]$ 的定义,有

$$\oint_{|z|=R}f(z)\mathrm{d}z=-2\pi\mathrm{i}\mathrm{Res}[f(z),\infty],$$

于是

$$\sum_{k=1}^{n}\mathrm{Res}[f(z),z_k]+\mathrm{Res}[f(z),\infty]=0.$$

由定理 5.2.2 可知,$\int_C f(z)\mathrm{d}z$ 的计算可转换为求无穷远点处的留数

$\text{Res}[f(z),\infty]$.

法则 Ⅳ　若∞为函数$f(z)$的孤立奇点,则

$$\text{Res}[f(z),\infty]=-\text{Res}\Big[f\Big(\frac{1}{z}\Big)\cdot\frac{1}{z^2},0\Big].$$

（证明从略）

例 7　设$f(z)=(1+z^2)\cdot\mathrm{e}^{-z}$,求$\text{Res}[f(z),\infty]$.

解　取圆周$C:|z|=2$,由定义 5.2.2 得

$$\text{Res}[f(z),\infty]=\frac{1}{2\pi\mathrm{i}}\int_{C^-}\frac{1+z^2}{\mathrm{e}^z}\mathrm{d}z=-\frac{1}{2\pi\mathrm{i}}\int_{C}\frac{1+z^2}{\mathrm{e}^z}\mathrm{d}z=0.$$

例 8　计算$\oint_C\dfrac{1}{(z+\mathrm{i})^{15}(z+1)}\mathrm{d}z$,其中,$C$为正向圆周:$|z|=2$.

解　由留数定理,定理 5.2.2 及法则 Ⅳ可知

$$\oint_C\frac{1}{(z+\mathrm{i})^{15}(z+1)}\mathrm{d}z=2\pi\mathrm{i}\{\text{Res}[f(z),-\mathrm{i}]+\text{Res}[f(z),-1]\}$$

$$=-2\pi\mathrm{i}\text{Res}[f(z),\infty]=2\pi\mathrm{i}\text{Res}\Big[f\Big(\frac{1}{z}\Big)\cdot\frac{1}{z^2},0\Big]$$

$$=2\pi\mathrm{i}\text{Res}\Bigg[\frac{1}{\Big(\dfrac{1}{z}+\mathrm{i}\Big)^{15}\Big(\dfrac{1}{z}+1\Big)}\cdot\frac{1}{z^2},0\Bigg]$$

$$=2\pi\mathrm{i}\text{Res}\Big[\frac{z^{14}}{(1+\mathrm{i}z)^{15}(1+z)},0\Big]=0.$$

§5.3　留数在积分中的应用

利用留数定理,可以将特殊类型的实积分转换为某个复变函数沿简单闭曲线的积分,然后利用留数定理计算,从而大大简化计算过程.

5.3.1　形如$\int_0^{2\pi}R(\cos\theta,\sin\theta)\mathrm{d}\theta$的积分

令$z=\mathrm{e}^{\mathrm{i}\theta}$,$\mathrm{d}z=\mathrm{d}\mathrm{e}^{\mathrm{i}\theta}=\mathrm{i}\mathrm{e}^{\mathrm{i}\theta}\mathrm{d}\theta$,$\dfrac{1}{\mathrm{i}z}\mathrm{d}z=\mathrm{d}\theta$,

$$\sin\theta = \frac{e^{i\theta} - e^{-i\theta}}{2i} = \frac{z^2 - 1}{2iz}, \cos\theta = \frac{e^{i\theta} + e^{-i\theta}}{2} = \frac{z^2 + 1}{2z}$$

$R(\cos\theta, \sin\theta)$ 是 $\sin\theta, \cos\theta$ 的有理函数. 作为 θ 的函数, 在 $0 \leqslant \theta \leqslant 2\pi$ 上连续. 当 θ 经历变程 $[0, 2\pi]$ 时, 对应的 z 正好沿单位圆 $|z| = 1$ 正向绕行一周. 若 $R\left(\frac{z^2 + 1}{2z}, \frac{z^2 - 1}{2iz}\right)$ 在积分闭路 $|z| = 1$ 上无奇点, 则

$$\int_0^{2\pi} R(\cos\theta, \sin\theta)\mathrm{d}\theta = \oint_{|z|=1} \left[R\left(\frac{z^2 + 1}{2z}, \frac{z^2 - 1}{2iz}\right) \cdot \frac{1}{iz}\right]\mathrm{d}z$$

$$= \oint_{|z|=1} f(z)\mathrm{d}z = 2\pi i \sum_{k=1}^{n} \text{Res}[f(z), z_k].$$

例1 计算 $I = \int_0^{2\pi} \frac{\sin\theta}{5 + 4\cos\theta}\mathrm{d}\theta$.

解 $I = \int_0^{2\pi} \frac{\sin\theta}{5 + 4\cos\theta}\mathrm{d}\theta = \oint_{|z|=1} \left[\dfrac{\dfrac{z^2 - 1}{2iz}}{5 + 4 \cdot \dfrac{z^2 + 1}{2z}} \dfrac{1}{iz}\right]\mathrm{d}z$

$$= -\frac{1}{2}\oint_{|z|=1} \frac{z^2 - 1}{z(2z^2 + 5z + 2)}\mathrm{d}z$$

$$= -\frac{1}{2}\oint_{|z|=1} \frac{z^2 - 1}{z(2z + 1)(z + 2)}\mathrm{d}z$$

被积函数 $f(z) = \dfrac{z^2 - 1}{z(2z + 1)(z + 2)}$ 以 $z = 0, z = -\dfrac{1}{2}, z = -2$ 为简单极点, 其中 $z = 0, z = -\dfrac{1}{2}$ 在单位圆内, 所以

$$I = -\frac{1}{2} \cdot 2\pi i \left\{\text{Res}[f(z), 0] + \text{Res}\left[f(z), -\frac{1}{2}\right]\right\},$$

$$\text{Res}[f(z), 0] = \lim_{z \to 0} z f(z) = \lim_{z \to 0} \frac{z^2 - 1}{(2z + 1)(z + 2)} = -\frac{1}{2};$$

$$\text{Res}\left[f(z), -\frac{1}{2}\right] = \lim_{z \to -\frac{1}{2}} \left(z + \frac{1}{2}\right) f(z) = \lim_{z \to -\frac{1}{2}} \frac{z^2 - 1}{2z(z + 2)} = \frac{1}{2},$$

所以

$$I = -\frac{1}{2} \cdot 2\pi i \left(\frac{1}{2} - \frac{1}{2}\right) = 0.$$

例 2　计算积分 $I = \int_0^{2\pi} \dfrac{\mathrm{d}\theta}{a + \sin\theta}$，其中常数 $a > 1$.

解　令 $z = \mathrm{e}^{\mathrm{i}\theta}$，则 $\mathrm{d}z = \mathrm{i}\mathrm{e}^{\mathrm{i}\theta}\mathrm{d}\theta$，则 $\mathrm{d}\theta = \dfrac{1}{\mathrm{i}z}\mathrm{d}z$，

由公式 $\displaystyle\int_0^{2\pi} R(\cos\theta, \sin\theta)\mathrm{d}\theta = \int_{|z|=1} R\left(\dfrac{z^2+1}{2z}, \dfrac{z^2-1}{2\mathrm{i}z}\right)\dfrac{\mathrm{d}z}{\mathrm{i}z}$，得

$$I = \int_{|z|=1} \frac{2\mathrm{d}z}{z^2 + 2\mathrm{i}az - 1}$$

于是应用留数定理，只需计算 $f(z) = \dfrac{2\mathrm{d}z}{z^2 + 2\mathrm{i}az - 1}$ 在 $|z| < 1$ 内极点处的

留数，就可求出 I.

上面的被积函数有两个极点

$$z_1 = -\mathrm{i}a + \mathrm{i}\sqrt{a^2-1} \text{ 及 } z_2 = -\mathrm{i}a - \mathrm{i}\sqrt{a^2-1}.$$

显然 $|z_1| < 1$，$|z_2| > 1$. 因此被积函数在 $|z| < 1$ 内只有一个极点 z_1，

$f(z) = \dfrac{2}{z^2 + 2\mathrm{i}az - 1}$ 在极点 z_1 的留数为

$$\mathrm{Res}[f(z), z_1] = \frac{1}{\mathrm{i}\sqrt{a^2-1}}.$$

于是求得

$$I = 2\pi\mathrm{i}\frac{1}{\mathrm{i}\sqrt{a^2-1}} = \frac{2\pi}{\sqrt{a^2-1}}.$$

5.3.2　形如 $\displaystyle\int_{-\infty}^{+\infty} R(x)\mathrm{d}x$ 的积分

定理 5.3.1　令

$$R(z) = \frac{P(z)}{Q(z)} = \frac{z^n + a_1 z^{n-1} + \cdots + a_n}{z^m + b_1 z^{m-1} + \cdots + b_m} \quad (m-n \geq 2).$$

(1) $Q(z)$ 比 $P(z)$ 至少高两次.

(2) $Q(z)$ 在实轴上无零点.

(3) $R(z)$ 在上半平面 $\mathrm{Im}(z) > 0$ 内的极点为 $z_1, z_2 \cdots, z_n$，则有

$$\int_{-\infty}^{+\infty} R(x)\mathrm{d}x = 2\pi\mathrm{i}\sum_{k=1}^{n} \mathrm{Res}[f(z), z_k].$$

（证明从略）

例 3　计算 $I = \displaystyle\int_{-\infty}^{+\infty} \frac{x^2 - x + 2}{x^4 + 5x^2 + 4} \mathrm{d}x$.

解　因为 $P(z) = z^2 - z + 2, Q(z) = z^4 + 5z^2 + 4, Q(z)$ 在实轴上无零点，因此积分是存在的. 函数 $R(z) = \dfrac{z^2 - z + 2}{z^4 + 5z^2 + 4}$ 有四个简单极点：$\pm\mathrm{i}, \pm 2\mathrm{i}$，上半平面内只有 i 和 $2\mathrm{i}$，而

$$\operatorname{Res}[R(z), \mathrm{i}] = \lim_{z \to \mathrm{i}} (z - \mathrm{i}) \frac{z^2 - z + 2}{(z - \mathrm{i})(z + \mathrm{i})(z - 2\mathrm{i})(z + 2\mathrm{i})} = -\frac{1 + \mathrm{i}}{6};$$

$$\operatorname{Res}[R(z), 2\mathrm{i}] = \lim_{z \to 2\mathrm{i}} (z - 2\mathrm{i}) \frac{z^2 - z + 2}{(z - \mathrm{i})(z + \mathrm{i})(z - 2\mathrm{i})(z + 2\mathrm{i})} = \frac{1 - \mathrm{i}}{6},$$

所以

$$I = \int_{-\infty}^{+\infty} \frac{x^2 - x + 2}{x^4 + 5x^2 + 4} \mathrm{d}x$$

$$= 2\pi\mathrm{i}\{\operatorname{Res}[R(z), \mathrm{i}] + \operatorname{Res}[R(z), 2\mathrm{i}]\}$$

$$= 2\pi\mathrm{i}\left(-\frac{1 + \mathrm{i}}{6} + \frac{1 - \mathrm{i}}{6}\right) = \frac{2\pi}{3}.$$

例 4　计算积分 $\displaystyle\int_{-\infty}^{+\infty} \frac{x^2}{x^4 + x^2 + 1} \mathrm{d}x$.

解　首先，求出 $\dfrac{P(z)}{Q(z)} = \dfrac{z^2}{z^4 + z^2 + 1}$ 在上半平面的全部奇点. 令

$$z^4 + z^2 + 1 = 0$$

即

$$z^4 + z^2 + 1 = (z^4 + 2z^2 + 1) - z^2$$

$$= (z^2 + 1)^2 - z^2$$

$$= (z^2 + z + 1)(z^2 - z + 1)$$

$$= 0$$

于是，$\dfrac{P(z)}{Q(z)}$ 在上半平面的全部奇点只有两个：

$$\alpha = \frac{1}{2} + \frac{\sqrt{3}}{2}\mathrm{i} \quad \text{与} \quad \beta = -\frac{1}{2} + \frac{\sqrt{3}}{2}\mathrm{i};$$

且知道, α 与 β 均为 $\dfrac{P(z)}{Q(z)}$ 的一阶极点.

其次, 算留数, 有

$$\text{Res}\left(\frac{P(z)}{Q(z)}, \alpha\right) = \lim_{z \to \alpha}(z - \alpha)\frac{z^2}{(z-\alpha)(z-\beta)(z+\alpha)(z+\beta)}$$

$$= \frac{1+\sqrt{3}\mathrm{i}}{4\sqrt{3}\mathrm{i}};$$

$$\text{Res}\left(\frac{P(z)}{Q(z)}, \beta\right) = \lim_{z \to \beta}(z - \beta)\frac{z^2}{(z-\alpha)(z-\beta)(z+\alpha)(z+\beta)}$$

$$= \frac{1-\sqrt{3}\mathrm{i}}{4\sqrt{3}\mathrm{i}},$$

最后, 将所得留数代入得

$$\int_{-\infty}^{+\infty} \frac{x^2}{x^4+x^2+1}\mathrm{d}x = 2\pi\mathrm{i}\left[\text{Res}\left(\frac{P(z)}{Q(z)}, \alpha\right) + \text{Res}\left(\frac{P(z)}{Q(z)}, \beta\right)\right] = \frac{\pi}{\sqrt{3}}.$$

5.3.3 形如 $\displaystyle\int_{-\infty}^{+\infty} R(x)\mathrm{e}^{\mathrm{i}ax}\mathrm{d}x(a > 0)$ 的积分

定理 5.3.2 设 $R(x)$ 为有理真分式, 且 $R(x)\mathrm{e}^{\mathrm{i}ax}$ 在上半平面内有有限个孤立奇点 $z_1, z_2\cdots, z_n$, 在实数轴上有有限个简单奇点 $x_1, x_2\cdots, x_m$, 且除这些点外, 在 $\text{Im}\,z \geq 0$ 上处处解析. 若 $\displaystyle\lim_{z \to \infty, \text{Im}\,z \geq 0} f(z) = 0$, 则

$$\int_{-\infty}^{+\infty} R(x)\mathrm{e}^{\mathrm{i}ax}\mathrm{d}x = 2\pi\mathrm{i}\left\{\sum_{k=1}^{n}\text{Res}[f(z), z_k] + \frac{1}{2}\sum_{l=1}^{m}\text{Res}[f(z), x_l]\right\}$$

其中 $f(z) = R(z)\mathrm{e}^{\mathrm{i}az}$. 特别地, 将 $f(z)$ 分开为实部和虚部, 即可得到积分 $\displaystyle\int_{-\infty}^{+\infty} R(x)\cos ax\,\mathrm{d}x$ 和 $\displaystyle\int_{-\infty}^{+\infty} R(x)\sin ax\,\mathrm{d}x$.

（证明从略）

例 5 计算 $I = \displaystyle\int_{0}^{+\infty} \frac{\sin x}{x}\mathrm{d}x$.

解 因为

$$I = \int_{0}^{+\infty} \frac{\sin x}{x}\mathrm{d}x = \frac{1}{2}\int_{-\infty}^{+\infty} \frac{\sin x}{x}\mathrm{d}x = \frac{1}{2}\text{Im}\int_{-\infty}^{+\infty} \frac{\mathrm{e}^{\mathrm{i}x}}{x}\mathrm{d}x,$$

$\dfrac{\mathrm{e}^{\mathrm{i}z}}{z}$ 在全平面上只有一个简单极点 $z=0$,且位于实轴上,所以

$$\int_{-\infty}^{+\infty}\frac{\mathrm{e}^{\mathrm{i}x}}{x}\mathrm{d}x=2\pi\mathrm{i}\,\frac{1}{2}\operatorname{Res}\left[\frac{\mathrm{e}^{\mathrm{i}z}}{z},0\right]=\pi\mathrm{i}\,\frac{\mathrm{e}^{\mathrm{i}z}}{z'}\Big|_{0}=\pi\mathrm{i},$$

因此

$$I=\frac{1}{2}\operatorname{Im}(\pi\mathrm{i})=\frac{\pi}{2}.$$

例 6　计算积分 $\displaystyle\int_{-\infty}^{+\infty}\frac{\mathrm{e}^{\mathrm{i}x}}{x^{2}+a^{2}}\mathrm{d}x,a>0.$

解　首先,求出函数 $f(z)=\dfrac{\mathrm{e}^{\mathrm{i}z}}{z^{2}+a^{2}}$ 在上半平面的全部奇点.

由 $z^{2}+a^{2}=0$ 解得 $z=a\mathrm{i}$ 与 $z=-a\mathrm{i}$ 为 $f(z)$ 的奇点,而 $a>0$,所以,$f(z)$ 在上半平面只有一个奇点 $a\mathrm{i}$,且 $a\mathrm{i}$ 为 $f(z)$ 的一阶极点.

其次,计算留数. 有

$$\operatorname{Res}\left(\frac{\mathrm{e}^{\mathrm{i}z}}{z^{2}+a^{2}},a\mathrm{i}\right)=\lim_{z\to a\mathrm{i}}(z-a\mathrm{i})\frac{\mathrm{e}^{\mathrm{i}z}}{(z-a\mathrm{i})(z+a\mathrm{i})}=\frac{\mathrm{e}^{-a}}{2a\mathrm{i}},$$

最后,可得

$$\int_{-\infty}^{+\infty}\frac{\mathrm{e}^{\mathrm{i}x}}{x^{2}+a^{2}}\mathrm{d}x=2\pi\mathrm{i}\cdot\operatorname{Res}\left(\frac{\mathrm{e}^{\mathrm{i}z}}{z^{2}+a^{2}},a\mathrm{i}\right)=\frac{\pi}{a\mathrm{e}^{a}}\ ,$$

容易得到

$$\int_{-\infty}^{+\infty}\frac{\cos x}{x^{2}+a^{2}}\mathrm{d}x=\frac{\pi}{a\mathrm{e}^{a}}\ 与\int_{-\infty}^{+\infty}\frac{\sin x}{x^{2}+a^{2}}\mathrm{d}x=0.$$

习题 5

1. 判断 $z=0$ 是否为下列函数的孤立奇点,并确定奇点的类型.

(1) $\mathrm{e}^{\frac{1}{z}}$;　　　　　　(2) $\dfrac{1-\cos z}{z^{2}}$.

2. 下列函数有些什么奇点? 如果是极点,指出其阶数.

(1) $\dfrac{\sin z}{z^{3}}$;　　　　　(2) $\dfrac{1}{z^{2}(\mathrm{e}^{z}-1)}$;　　　　　(3) $\dfrac{1}{\sin z^{2}}$.

3. 求下列函数的留数.

(1) $f(z) = \dfrac{e^z - 1}{z^5}$ 在 $z = 0$ 处；

(2) $f(z) = e^{\frac{1}{z-1}}$ 在 $z = 1$ 处.

4. 利用各种方法计算 $f(z) = \dfrac{3z+2}{z^2(z+2)}$ 在有限孤立奇点处的留数.

5. 利用洛朗展开式求函数 $f(z) = (z+1)^2 \cdot \sin\dfrac{1}{z}$ 在 0 处的留数.

6. 如果 C 为正向圆周 $|z| = 3$，求积分 $\oint_C f(z) \mathrm{d}z$ 的值，其中

(1) $f(z) = \dfrac{1}{z(z+2)}$;   (2) $f(z) = \dfrac{z}{(z+1)(z+2)}$.

7. 计算积分 $\oint_C \dfrac{\mathrm{d}z}{(z+i)^{10}(z-1)(z-3)}$，$C$：$|z| = 2$ 取正向.

8. 计算积分 $\displaystyle\int_{-\infty}^{+\infty} \dfrac{\mathrm{d}x}{(x^2+a^2)(x^2+b^2)}$，$a > 0, b > 0$.

第六章 拉普拉斯变换

通过一定的手段将问题进行转化,数学上称之为变换.恰当的变换能将复杂问题转化成简单问题,类似于对数运算能将积商运算转化成加减运算一样,积分变换是一种数学变换,它能将卷积运算变成乘积运算,能将分析运算转化成代数运算,从而可将微积分方程转化为代数方程,使求解变得简单,所以积分变换是一种重要的运算工具.

傅里叶变换的存在条件是比较强的,要求被变换的函数不仅在有限区间上满足狄利克雷条件,而且要求函数在$(-\infty, +\infty)$上绝对可积,很多常见的函数不满足这个存在条件,致使傅里叶变换的应用受到很大的限制.本章主要学习一种应用较为广泛、能够克服傅里叶变换不足的积分变换—拉普拉斯变换.

本章的学习要求是:深刻理解拉普拉斯变换及其逆变换的概念与性质、掌握求拉普拉斯变换与其逆变换的方法、理解卷积的性质并了解卷积定理、掌握拉普拉斯变换在求解微分方程中的应用.

§6.1 拉普拉斯变换的概念

6.1.1 拉普拉斯变换

定义 6.1.1 设函数 $f(t)$ 在 $t \geqslant 0$ 时有定义,且含复参变量 s 的积分 $\int_0^{+\infty} f(t)e^{-st}dt$ 在 s 的某区域内收敛,则称由这个积分确定的函数 $F(s) = \int_0^{+\infty} f(t)e^{-st}dt$ 为函数 $f(t)$ 的**拉普拉斯变换**,简称为 $f(t)$ 的拉氏变换,并记为

$\mathscr{L}[f(t)]$，即

$$\mathscr{L}[f(t)] = F(s) = \int_0^{+\infty} f(t) e^{-st} \, dt. \tag{1}$$

在式(1)中，称 $F(s)$ 为 $f(t)$ 的**像函数**；称 $f(t)$ 为 $F(s)$ 的**像原函数**或 $F(s) =$ 的**拉普拉斯逆变换**，记为 $f(t) = \mathscr{L}^{-1}[F(s)]$.

例 1　求单位阶跃函数 $u(t) = \begin{cases} 1, t>0, \\ 0, t<0 \end{cases}$ 的拉氏变换，

解　根据拉氏变换的定义，$\mathscr{L}[u(t)] = \int_0^{+\infty} e^{-st} \, dt$，

这个广义积分在 $\mathrm{Re}(s) > 0$ 时收敛，则

$$\int_0^{+\infty} e^{-st} \, dt = -\frac{1}{s} e^{-st} \Big|_0^{+\infty} = -\frac{1}{s} (\lim_{t \to +\infty} e^{-st} - 1) = \frac{1}{s}$$

所以

$$\mathscr{L}[u(t)] = \frac{1}{s} \ (\mathrm{Re}(s) > 0).$$

注　对于指数函数 $e^z = e^{x+iy} = e^x e^{iy}$，其模 $|e^z| = e^x$，当 $\mathrm{Re}(z) = x \to -\infty$ 时，则 $|e^z| = e^x \to 0$，从而有 $e^z \to 0$.

例 2　求指数函数 $f(t) = e^{kt}$ 的拉氏变换（k 为实数）.

解　$\mathscr{L}[f(t)] = \int_0^{+\infty} e^{kt} e^{-st} \, dt = \int_0^{+\infty} e^{-(s-k)t} \, dt$

$$= -\frac{1}{s-k} e^{-(s-k)t} \Big|_0^{+\infty} = \frac{1}{s-k},$$

所以

$$\mathscr{L}[e^{kt}] = \frac{1}{s-k} \ (\mathrm{Re}(s) > k).$$

例 3　求正弦函数 $f(t) = \sin kt$（k 为实数）的拉氏变换.

解　$\mathscr{L}[\sin kt] = \int_0^{+\infty} \sin kt \, e^{-st} \, dt = \frac{e^{-st}}{s^2 + k^2} (-s \cdot \sin kt - k \cos kt) \Big|_0^{+\infty}$

$$= \frac{k}{s^2 + k^2} \ (\mathrm{Re}(s) > 0).$$

同理,可求得余弦函数 $f(t)=\cos kt(k$ 为实数)的拉氏变换

$$\mathscr{L}[\cos kt]=\frac{s}{s^2+k^2}(\mathrm{Re}(s)>0).$$

6.1.2　拉普拉斯变换的存在定理

定理 6.1.1　（拉普拉斯变换存在定理）　若函数 $f(t)$ 满足:

(1) 在 $t\geqslant 0$ 的任意有限区间上分段连续;

(2) 当 $t\rightarrow +\infty$ 时,$f(t)$ 的增长速度不超过某一指数级,即存在常数 $M>0$ 及 $c\geqslant 0$,使得 $|f(t)|\leqslant Me^{ct}(0\leqslant t<+\infty)$,则 $f(t)$ 的拉氏变换

$$F(s)=\int_0^{+\infty}f(t)\mathrm{e}^{-st}\mathrm{d}t$$

在半平面 $\mathrm{Re}(s)>c$ 上一定存在,右端的积分在 $\mathrm{Re}(s)>c$ 上绝对收敛,并且在 $\mathrm{Re}(s)>c$ 的半平面内,$F(s)$ 为解析函数.

证　设 $s=\beta+j\omega$,则 $|e^{-st}|=e^{-\beta t}$,所以

$$|F(s)|=\left|\int_0^{+\infty}f(t)\mathrm{e}^{-st}\mathrm{d}t\right|\leqslant M\int_0^{+\infty}\mathrm{e}^{-(\beta-c)t}\mathrm{d}t.$$

由 $\mathrm{Re}(s)=\beta>c$,可以知道右端积分在 $\mathrm{Re}(s)>c$ 上收敛. 此处省略关于解析性的证明.

注　(1) 大部分常用函数的拉普拉斯变换都存在,存在定理的条件是充分但非必要条件.

(2) 对于任意函数来说,其拉普拉斯变换有三种情况:① 不存在;② 在整个复平面上存在;③ 在一个半平面内存在.

例 4　求函数 $f(t)=t(t\geqslant 0)$ 的拉普拉斯变换.

解　根据公式(1)有

$$\mathscr{L}[t]=\int_0^{+\infty}\mathrm{e}^{-st}t\mathrm{d}t=-\frac{1}{s}\int_0^{+\infty}t\mathrm{d}\mathrm{e}^{-st}$$

$$=-\frac{1}{s}\lim_{b\rightarrow +\infty}\left(b\mathrm{e}^{-bs}-\int_0^b\mathrm{e}^{-st}\mathrm{d}t\right)=-\frac{1}{s}\lim_{b\rightarrow +\infty}\left[b\mathrm{e}^{-bs}+\frac{1}{s}(\mathrm{e}^{-bs}-1)\right]$$

$$=-\frac{1}{s}\lim_{b\rightarrow +\infty}\left(b\mathrm{e}^{-bs}+\frac{1}{s}\mathrm{e}^{-bs}\right)+\frac{1}{s^2}.$$

当 $\mathrm{Re}(s) > 0$ 时, $\mathscr{L}[t] = -\dfrac{1}{s}\lim\limits_{b\to+\infty}be^{-bs} - \lim\limits_{b\to+\infty}\dfrac{1}{s^2}e^{-bs} + \dfrac{1}{s^2} = \dfrac{1}{s^2}.$

观察以上过程,只要 $\mathrm{Re}(s) > 0$,就能保证广义积分 $\mathscr{L}[f(t)] = \displaystyle\int_0^{+\infty} e^{-st}t\,\mathrm{d}t$

是收敛的,这个例子说明变量 s 在拉普拉斯变换中起着重要作用.

6.1.3 单位脉冲函数及其拉普拉斯变换

当某些量(如质量、电量等)连续分布在一个区域时,可用分布密度(如线密度、体密度、电流强度等)来刻画其分布状况,并用密度基于区域的积分来表示总量.在工程技术和物理学中,常常存在总量分布在一点的情况,如一个单位质量的质点,一个电流为零的电路瞬间充一个单位电量等.为了表示这些现象的分布密度,物理学家狄拉克引入了一个函数,称为狄拉克函数,也称为单位脉冲函数,即 $\delta(t-t_0)$.其物理意义是在 $t=t_0$ 处有一个单位的量,其他点处的量为零的分布现象.

定义 6.1.2 如果函数满足

$$\delta(t) = 0(t\neq 0) \ \text{及} \int_{-\infty}^{+\infty}\delta(t)\,\mathrm{d}t = 1,$$

则称此函数为 δ 函数.

在工程应用中,单位脉冲函数 $\delta(t-t_0)$ 通常用一个长度为 1 的有向线段来表示(图 6.1),线段长度表示了 δ 函数的积分值.

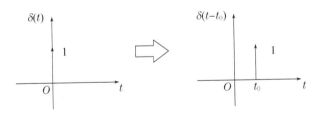

图 6.1

单位脉冲函数具有如下性质.

(1) 筛选性质

设 $f(t)$ 是定义在实数域上的有界函数,且在 $t=0$ 处连续,则

$$\int_{-\infty}^{+\infty} \delta(t)f(t)dt = f(0).$$

一般地,有

$$\int_{-\infty}^{+\infty} \delta(t-t_0)f(t)dt = f(t_0).$$

（2）偶函数

$$\int_{-\infty}^{+\infty} \delta(-t)f(t)dt = \int_{-\infty}^{+\infty} \delta(t)f(-t)dt = f(0).$$

所以有

$$\delta(t) = \delta(-t).$$

例 4　求单位脉冲函数 $\delta(t)$ 的拉普拉斯变换.

解　$\mathscr{L}[\delta(t)] = \int_0^{+\infty} \delta(t)\mathrm{e}^{-st}dt = \int_{-\infty}^{+\infty} \delta(t)\mathrm{e}^{-st}dt = \mathrm{e}^{-st}\Big|_{t=0} = 1.$

一般地,有 $\mathscr{L}[\delta(t-t_0)] = \int_0^{+\infty} \delta(t-t_0)\mathrm{e}^{-st}dt = \mathrm{e}^{-st_0}, t_0 \geqslant 0.$

在实际应用中若碰到一些含单位脉冲函数 $\delta(t)$ 的函数的拉普拉斯变换,可按如下规定处理.

$$\mathscr{L}[f(t)+g(t)\delta(t)] = \mathscr{L}[f(t)] + g(0),$$

其中 $f(t), g(t)$ 不含有 $\delta(t)$.

6.1.4　拉普拉斯逆变换

定义 6.1.3　若 $\mathscr{L}[f(t)] = F(s)$,令 $s = \beta + \mathrm{i}\omega$,则称

$$f(t) = \frac{1}{2\pi\mathrm{i}} \int_{\beta-\mathrm{i}\infty}^{\beta+\mathrm{i}\infty} F(s)\mathrm{e}^{st}ds(t > 0)$$

为 $F(s)$ 的拉普拉斯逆变换.

定理 6.1.2　设函数 $F(s)$ 有有限个孤立奇点 $s_1, s_2, \cdots, s_n$,且当 $s \to \infty$ 时, $F(s) \to 0$,则有

$$f(t) = \frac{1}{2\pi\mathrm{i}} \int_{\beta-\infty\mathrm{i}}^{\beta+\infty\mathrm{i}} F(s)\mathrm{e}^{st}ds = \sum_{k=1}^{n} \mathrm{Res}[F(s)\mathrm{e}^{st}, s_k]$$

即

$$f(t) = \sum_{k=1}^{n} \mathrm{Res}[F(s)\mathrm{e}^{st}, s_k] \ (t > 0). \tag{2}$$

例5　求 $F(s) = \dfrac{s}{s^2+k^2}$ 的拉普拉斯逆变换 $f(t)$.

解　$F(s)$ 有两个一阶极点：$s_1 = ki, s_2 = -ki$，由公式(2)得

$$f(t) = \text{Res}\left[\frac{s}{s^2+k^2}e^{st}, ki\right] + \text{Res}\left[\frac{s}{s^2+k^2}e^{st}, -ki\right]$$

$$= \frac{se^{st}}{(s^2+k^2)'}\bigg|_{s=ki} + \frac{se^{st}}{(s^2+k^2)'}\bigg|_{s=-ki}$$

$$= \frac{1}{2}(e^{ikt} + e^{-ikt}) = \cos kt, t > 0.$$

这与熟知的结果 $\mathcal{L}[\cos kt] = \dfrac{s}{s^2+k^2}$ 相一致.

§6.2　拉普拉斯变换的性质

6.2.1　线性性质

设 $F_1(s) = \mathcal{L}[f_1(t)], F_2(s) = \mathcal{L}[f_2(t)], \alpha$ 与 β 是常数，则

$$\mathcal{L}[\alpha f_1(t) + \beta f_2(t)] = \alpha F_1(s) + \beta F_2(s);$$

$$\mathcal{L}^{-1}[\alpha F_1(s) + \beta F_2(s)] = \alpha f_1(t) + \beta f_2(t).$$

例1　已知 $F(s) = \dfrac{5s-1}{(s+1)(s-2)}$，求 $\mathcal{L}^{-1}[F(s)]$.

解　$\mathcal{L}^{-1}[F(s)] = \mathcal{L}^{-1}\left[\dfrac{5s-1}{(s+1)(s-2)}\right] = \mathcal{L}^{-1}\left[\dfrac{2}{s+1} + \dfrac{3}{s-2}\right]$

$$= 2\mathcal{L}^{-1}\left[\frac{1}{s+1}\right] + 3\mathcal{L}^{-1}\left[\frac{1}{s-2}\right] = 2e^{-t} + 3e^{2t}.$$

例2　求 $x(t) = \cos 3t + 6e^{-3t}$ 的拉氏变换.

解　因 $\mathcal{L}[\cos 3t] = \dfrac{s}{s^2+3^2}, \mathcal{L}[e^{-3t}] = \dfrac{1}{s+3}$.

根据拉普拉斯变换的基本性质1可知

$$\mathcal{L}[x(t)] = \mathcal{L}[\cos 3t] + \mathcal{L}[6e^{-3t}] = \frac{s}{s^2+3^2} + \frac{6}{s+3}.$$

6.2.2 延迟性质

设 $\mathscr{L}[f(t)]=F(s)$，当 $t<0$ 时，$f(t)=0$，则对任意的非负实数 τ，有

$$\mathscr{L}[f(t-\tau)]=\mathrm{e}^{-s\tau}F(s)$$

或

$$\mathscr{L}^{-1}[\mathrm{e}^{-s\tau}F(s)]=f(t-\tau).$$

例3 设 $f(t)=\sin t$，求 $\mathscr{L}\left[f\left(t-\dfrac{\pi}{2}\right)\right].$

解 $\mathscr{L}\left[f\left(t-\dfrac{\pi}{2}\right)\right]=\mathscr{L}\left[\sin\left(t-\dfrac{\pi}{2}\right)\right]=\mathrm{e}^{-\frac{\pi}{2}s}\mathscr{L}[\sin t]=\dfrac{1}{s^2+1}\mathrm{e}^{-\frac{\pi}{2}s}.$

6.2.3 相似性质

设 $\mathscr{L}[f(t)]=F(s)$，则有

$$\mathscr{L}[f(ct)]=\frac{1}{c}F\left(\frac{s}{c}\right),c>0 \text{ 为常数}.$$

证 $\mathscr{L}[f(ct)]=\displaystyle\int_0^{+\infty}f(ct)\mathrm{e}^{-st}\mathrm{d}t\xlongequal{u=ct}\frac{1}{c}\int_0^{+\infty}f(u)\mathrm{e}^{-\frac{s}{c}u}\mathrm{d}u=\frac{1}{c}F\left(\frac{s}{c}\right).$

该性质在工程技术中也称之为尺度变换性.

例4 已知 $\mathscr{L}[\sin t]=\dfrac{1}{s^2+1}$，求 $\mathscr{L}[\sin at](a>0).$

解 由相似性质得

$$\mathscr{L}[\sin at]=\frac{1}{a}\cdot\frac{1}{\left(\dfrac{s}{a}\right)^2+1}=\frac{a}{s^2+a^2}.$$

6.2.4 微分性质

（1）导数的像函数

设 $\mathscr{L}[f(t)]=F(s)$，则有

$$\mathscr{L}[f'(t)]=sF(s)-f(0);$$

一般地，有

$$\mathscr{L}[f^{(n)}(t)]=s^nF(s)-s^{n-1}f(0)-s^{n-2}f'(0)-\cdots-f^{(n-1)}(0).$$

证 利用分部积分法和拉普拉斯积分变换的定义可得

$$\mathscr{L}[f'(t)]=\int_0^{+\infty}f'(t)\mathrm{e}^{-st}\mathrm{d}t$$

$$= f(t)\mathrm{e}^{-st}\Big|_0^{+\infty} + s\int_0^{+\infty} f(t)\mathrm{e}^{-st}\,\mathrm{d}t$$

$$= sF(s) - f(0).$$

利用数学归纳法可证明一般情况.

（2）像函数的导数

设 $\mathscr{L}[f(t)] = F(s)$，则有

$$F'(s) = \mathscr{L}[-tf(t)],$$

一般地，有

$$F^{(n)}(s) = \mathscr{L}[(-t)^n f(t)].$$

证　由 $F(s) = \int_0^{+\infty} f(t)\mathrm{e}^{-st}\,\mathrm{d}t$ 有

$$F'(s) = \int_0^{+\infty} f(t)(\mathrm{e}^{-st})'\,\mathrm{d}t = -\int_0^{+\infty} tf(t)\mathrm{e}^{-st}\,\mathrm{d}t = \mathscr{L}[-tf(t)].$$

同理可证

$$F^{(n)}(s) = \mathscr{L}[(-t)^n f(t)].$$

例 5　求函数 $f(t) = t\sin kt$ 的拉普拉斯变换.

解　由于 $\mathscr{L}[\sin kt] = \dfrac{k}{s^2 + k^2}$，

由像函数的导数性质，$\mathscr{L}[t\sin kt] = -\dfrac{\mathrm{d}}{\mathrm{d}s}\left[\dfrac{k}{s^2+k^2}\right] = \dfrac{2ks}{(s^2+k^2)^2}$.

例 6　求 $x(t) = t\cos 3t$ 的拉普拉斯变换.

解　因为 $\mathscr{L}[\cos 3t] = \dfrac{s}{s^2 + 3^2}$，再根据拉普拉斯变换的基本性质 4 可知

$$\mathscr{L}[t\cos 3t] = -\dfrac{\mathrm{d}}{\mathrm{d}s}\left[\dfrac{s}{s^2+3^2}\right] = \dfrac{s^2 - 3^2}{(s^2+3^2)^2}.$$

6.2.5　积分性质

（1）积分的像函数

$$\mathscr{L}\left[\int_0^t f(t)\,\mathrm{d}t\right] = \dfrac{1}{s}F(s);$$

一般地，有

$$\mathscr{L}\left[\underbrace{\int_0^t \mathrm{d}t \int_0^t \mathrm{d}t \cdots \int_0^t f(t)\mathrm{d}t}_{n次}\right] = \frac{1}{s^n}F(s).$$

证 设 $g(t) = \int_0^t f(t)\mathrm{d}t$，则 $g'(t) = f(t)$，且 $g(0) = 0$，

利用微分性质可以得到

$$\mathscr{L}[f(t)] = \mathscr{L}[g'(t)] = s\mathscr{L}[g(t)] - g(0) = s\mathscr{L}[g(t)]$$

所以

$$\mathscr{L}\left[\int_0^t f(t)\mathrm{d}t\right] = \frac{1}{s}F(s).$$

同理

$$\mathscr{L}\left[\underbrace{\int_0^t \mathrm{d}t \int_0^t \mathrm{d}t \cdots \int_0^t f(t)\mathrm{d}t}_{n次}\right] = \frac{1}{s^n}F(s).$$

（2）像函数的积分

$$\int_s^\infty F(s)\mathrm{d}s = \mathscr{L}\left[\frac{f(t)}{t}\right]$$

一般地，有

$$\underbrace{\int_s^\infty \mathrm{d}s \int_s^\infty \mathrm{d}s \cdots \int_s^\infty F(s)\mathrm{d}s}_{n次} = \mathscr{L}\left[\frac{f(t)}{t^n}\right].$$

证 $\int_s^\infty F(s)\mathrm{d}s = \int_s^\infty \left[\int_0^{+\infty} f(t)\mathrm{e}^{-st}\mathrm{d}t\right]\mathrm{d}s = \int_0^{+\infty} f(t)\left[\int_s^\infty \mathrm{e}^{-st}\mathrm{d}s\right]\mathrm{d}t$

$$= \int_0^{+\infty} f(t)\left[-\frac{\mathrm{e}^{-st}}{t}\bigg|_s^\infty\right]\mathrm{d}t = \int_0^{+\infty} f(t)\left[\frac{\mathrm{e}^{-st}}{t}\right]\mathrm{d}t = \mathscr{L}\left[\frac{f(t)}{t}\right]$$

同理

$$\underbrace{\int_s^\infty \mathrm{d}s \int_s^\infty \mathrm{d}s \cdots \int_s^\infty F(s)\mathrm{d}s}_{n次} = \mathscr{L}\left[\frac{f(t)}{t^n}\right].$$

例 7 求函数 $f(t) = \dfrac{\sin t}{t}$ 的拉普拉斯变换.

解 由于 $\mathscr{L}[\sin t] = \dfrac{1}{s^2+1}$，则 $\mathscr{L}\left[\dfrac{\sin t}{t}\right] = \displaystyle\int_s^\infty \dfrac{1}{s^2+1}\mathrm{d}s = \operatorname{arccot} s$.

令 $s=0$，有 $\displaystyle\int_0^{+\infty} \dfrac{\sin t}{t}\mathrm{d}t = \dfrac{\pi}{2}$.

6.2.6 位移性质

设 $\mathscr{L}[f(t)]=F(s)$，则有

$$\mathscr{L}[\mathrm{e}^{at} f(t)] = F(s-a) \quad (\operatorname{Re}(s) > a).$$

该性质表明一个像原函数乘以指数函数 e^{at} 的拉普拉斯变换等于其像函数作位移 a.

例 8 求 $\mathscr{L}[\mathrm{e}^{3t}\sin 2t]$.

解 $\mathscr{L}[\sin 2t]=\dfrac{2}{s^2+2^2}$，由位移性质得

$$\mathscr{L}[\mathrm{e}^{3t}\sin 2t]=\dfrac{2}{(s-3)^2+2^2} \quad (\operatorname{Re}(s)>3).$$

§6.3 卷积及其性质

6.3.1 卷积的概念

定义 6.3.1 如果函数 $f_1(t), f_2(t)$ 都满足条件：当 $t<0$ 时，$f_1(t)=f_2(t)=0$，则称积分

$$\int_0^t f_1(\tau) \cdot f_2(t-\tau)\mathrm{d}\tau$$

为函数 $f_1(t)$ 与 $f_2(t)$ 的**卷积**，记为 $f_1(t) * f_2(t)$，即

$$f_1(t) * f_2(t) = \int_0^t f_1(\tau) \cdot f_2(t-\tau)\mathrm{d}\tau.$$

注 $f_1(t) * f_2(t)$ 是关于 t 的函数，当 $f_1(t), f_2(t)$ 为分段函数时，被积分函数 $f_1(\tau) \cdot f_2(t-\tau)$ 可能在积分变量 τ 轴的部分区间为零. 因此，积分只需在使 $f_1(\tau) \cdot f_2(t-\tau) \neq 0$ 所对应的 τ 区间上积分. 为了确定 τ 的积分区间，需要在平面 $tO\tau$ 上画出使 $f_1(\tau) \cdot f_2(t-\tau) \neq 0$ 的区域 D，然后对给定 t 做 t 轴垂线，穿过区域 D 交于边界 $\tau_1(t), \tau_2(t)$ $(\tau_1(t) < \tau_2(t))$，则得到 τ 的积分区间

$[\tau_1(t),\tau_2(t)]$.

例 1　求函数 $f_1(t)=t$ 与 $f_2(t)=\sin t$ 的卷积.

解　$f_1(t)*f_2(t)=\displaystyle\int_0^t f_1(\tau)f_2(t-\tau)\mathrm{d}\tau=\int_0^t \tau\sin(t-\tau)\mathrm{d}\tau$

$$=\tau\cos(t-\tau)\Big|_0^t-\int_0^t\cos(t-\tau)\mathrm{d}\tau$$

$$=t-\sin t.$$

例 2　求下列卷积运算.

(1) $\sin t*\cos t$；　　　　(2)$\delta(t-a)*\mathrm{e}^t$.

解　(1) $\sin t*\cos t=\displaystyle\int_0^t\sin\tau\cos(t-\tau)\mathrm{d}\tau$

$$=\int_0^t\sin\tau(\cos t\cos\tau+\sin t\sin\tau)\mathrm{d}\tau$$

$$=\cos t\int_0^t\sin\tau\cos\tau\mathrm{d}\tau+\sin t\int_0^t\sin^2\tau\mathrm{d}\tau$$

$$=\frac{1}{2}\cos t\,\sin^2\tau\,\Big|_0^t+\frac{1}{2}\sin t\Big(\tau-\frac{1}{2}\sin 2\tau\Big)\Big|_0^t$$

$$=\frac{1}{2}t\sin t；$$

(2) $\delta(t-a)*\mathrm{e}^t=\displaystyle\int_0^t\delta(\tau-a)\mathrm{e}^{(t-\tau)}\mathrm{d}\tau$

$$=\int_{-\infty}^{\infty}\delta(\tau-a)\mathrm{e}^{(t-\tau)}\mathrm{d}\tau$$

$$=\mathrm{e}^{t-a}.（注：这里利用了单位脉冲函数的筛选性质）$$

6.3.2　卷积的性质

(1) 交换律：$f_1(t)*f_2(t)=f_2(t)*f_1(t)$；

(2) 结合律：$[f_1(t)*f_2(t)]*f_3(t)=f_1(t)*[f_2(t)*f_3(t)]$；

(3) 分配率：$f_1(t)*[f_2(t)+f_3(t)]=f_1(t)*f_2(t)+f_1(t)*f_3(t)$.

此处对卷积的交换律做一简单证明，即证 $f_1(t)*f_2(t)=f_2(t)*f_1(t)$.

证　由卷积的定义可知

$$f_1(t) * f_2(t) = \int_0^t f_1(\tau) \cdot f_2(t-\tau) \mathrm{d}\tau$$

利用定积分的换元法,令 $u=t-\tau$,则 $\mathrm{d}u=-\mathrm{d}\tau, \tau=t-u$,且有

τ	0	t
u	t	0

从而积分转换为

$$f_1(t) * f_2(t) = \int_0^t f_1(\tau) \cdot f_2(t-\tau) \mathrm{d}\tau = -\int_t^0 f_1(t-u) \cdot f_2(u) \mathrm{d}u$$

$$= \int_0^t f_1(t-u) \cdot f_2(u) \mathrm{d}u = f_2(t) * f_1(t).$$

例 3　设 $f_1(t) = \begin{cases} 0, & t<0, \\ \mathrm{e}^{-t}, & t \geqslant 0, \end{cases}$　$f_2(t) = \begin{cases} \sin t, & 0 \leqslant t \leqslant \dfrac{\pi}{2}, \\ 0, & t<0, t>\dfrac{\pi}{2}. \end{cases}$　求 $f_1(t) * f_2(t)$.

解　根据卷积的定义,有

$$f_1(t) * f_2(t) = \int_0^t f_1(\tau) f_2(t-\tau) \mathrm{d}\tau,$$

下面根据 t 的不同取值范围进行讨论:

(1) 当 $t \leqslant 0$ 时,显然有 $f_1(t) * f_2(t) = 0$;

(2) 当 $0 < t \leqslant \dfrac{\pi}{2}$ 时,有

$$f_1(t) * f_2(t) = f_2(t) * f_1(t) = \int_0^t f_2(\tau) f_1(t-\tau) \mathrm{d}\tau$$

$$= \int_0^t \sin \tau \cdot \mathrm{e}^{-(t-\tau)} \mathrm{d}\tau$$

$$= \mathrm{e}^{-t} \left[\frac{1}{2} \mathrm{e}^{\tau} (\sin \tau - \cos \tau) \right] \Bigg|_0^t$$

$$= \frac{1}{2} (\sin t - \cos t + \mathrm{e}^{-t});$$

(3) 当 $t > \dfrac{\pi}{2}$ 时,有

$$f_1(t) * f_2(t) = f_2(t) * f_1(t) = \int_0^{\frac{\pi}{2}} \sin\tau \cdot e^{-(t-\tau)} d\tau$$

$$= e^{-t} \left[\frac{1}{2} e^{\tau} (\sin\tau - \cos\tau) \right] \Big|_0^{\frac{\pi}{2}}$$

$$= \frac{1}{2} e^{-t} (e^{\frac{\pi}{2}} + 1).$$

6.3.3 卷积定理

定理 6.3.1 （卷积定理）设 $f_1(t), f_2(t)$ 满足拉普拉斯变换存在定理中的条件,且 $\mathscr{L}[f_1(t)] = F_1(s), \mathscr{L}[f_2(t)] = F_2(s)$,则 $f_1(t) * f_2(t)$ 的拉氏变换一定存在,且

$$\mathscr{L}[f_1(t) * f_2(t)] = F_1(s) \cdot F_2(s)$$

或 $\mathscr{L}^{-1}[F_1(s) \cdot F_2(s)] = \mathscr{L}^{-1}[F_1(s)] \cdot \mathscr{L}^{-1}[F_2(s)] = f_1(t) * f_2(t).$

证 根据拉普拉斯变换及卷积定义有

$$\mathscr{L}[f_1(t) * f_2(t)] = \int_0^{+\infty} f_1(t) * f_2(t) e^{-st} dt$$

$$= \int_0^{+\infty} \left[\int_0^t f_1(\tau) \cdot f_2(t-\tau) d\tau \right] e^{-st} dt$$

积分区域如图 6.2 所示.

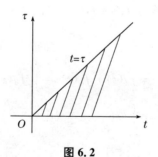

图 6.2

交换积分次序,则有

$$\mathscr{L}[f_1(t) * f_2(t)] = \int_0^{+\infty} f_1(\tau) \left[\int_\tau^{+\infty} f_2(t-\tau) e^{-st} dt \right] d\tau$$

对于积分 $\int_\tau^{+\infty} f_2(t-\tau)\mathrm{e}^{-st}\,\mathrm{d}t$，令 $u=t-\tau$，则 $\mathrm{d}u=\mathrm{d}t, t=u+\tau$，且有

t	τ	$+\infty$
u	0	$+\infty$

则有

$$\int_\tau^{+\infty} f_2(t-\tau)\mathrm{e}^{-st}\,\mathrm{d}t = \int_0^{+\infty} f_2(u)\mathrm{e}^{-s(u+\tau)}\,\mathrm{d}u = \mathrm{e}^{-s\tau}\mathscr{L}[f_2(t)],$$

所以有

$$\mathscr{L}[f_1(t)*f_2(t)] = \int_0^{+\infty} f_1(\tau)\mathrm{e}^{-s\tau}\mathscr{L}[f_2(t)]\mathrm{d}\tau = \mathscr{L}[f_1(t)]\mathscr{L}[f_2(t)].$$

　　卷积定理可以推广到多个函数的情况,在拉普拉斯变换的应用中,卷积定理可以用于一些函数的拉普拉斯逆变换的求解.

　　例 4　若 $F(s)=\dfrac{s^2}{(s^2+1)^2}$，求 $f(t)$.

　　解　$f(t)=\mathscr{L}^{-1}\left[\dfrac{s}{s^2+1}\cdot\dfrac{s}{s^2+1}\right]=\cos t*\cos t$

$$=\int_0^t \cos\tau\cos(t-\tau)\mathrm{d}\tau = \frac{1}{2}\int_0^t\left[\cos t+\cos(2\tau-t)\right]\mathrm{d}\tau$$

$$=\frac{1}{2}\left[t\cos t+\frac{1}{2}\sin(2\tau-t)\Big|_0^t\right]=\frac{1}{2}(t\cos t+\sin t).$$

§6.4　拉普拉斯变换的应用

　　拉普拉斯变换在线性系统的分析和研究中起着重要的作用.一个线性系统的数学模型通常可以用一个线性微分方程来描述,而这样的方程可以利用拉普拉斯变换转换为代数方程进行求解,此方法经常用于电路理论和自动控制理论中.

　　应用拉普拉斯变换法解微分方程的步骤如下：

　　(1) 对线性微分方程中每一项进行拉普拉斯变换,使微分方程变为复变

量 s 的代数方程(称为变换方程);

(2) 求解变换方程,得出系统输出变量的像函数表达式;

(3) 将输出的像函数表达式展开成部分分式;

(4) 对部分分式进行拉普拉斯逆变换(可查拉普拉斯变换表),即得微分方程的全解.

6.4.1 利用拉普拉斯变换求解常系数微分方程

例1 用拉普拉斯变换求解下列微分方程.

(1) $y'' + 4y' + 3y = e^{-t}$, $y(0) = y'(0) = 1$;

(2) $y''' - y' = e^{2t}$, $y(0) = y'(0) = y''(0) = 0$.

解 (1) 设 $\mathscr{L}[y(t)] = Y(s)$,对于 $y'' + 4y' + 3y = e^{-t}$,方程两边取拉普拉斯变换,可得

$$s^2 Y(s) - sy(0) - y'(0) + 4sY(s) - 4y(0) + 3Y(s) = \frac{1}{s+1},$$

代入初始条件 $y(0) = y'(0) = 1$,化简得

$$Y(s) = \frac{1}{(s+1)^2(s+3)} + \frac{s+5}{(s+1)(s+3)}.$$

两边取拉普拉斯逆变换

$$\mathscr{L}^{-1}[Y(s)] = y(t),$$

$$\mathscr{L}^{-1}\left[\frac{1}{(s+1)^2(s+3)}\right] = \frac{e^{-3t}}{4} + \frac{te^{-t}}{2} - \frac{e^{-t}}{4},$$

$$\mathscr{L}^{-1}\left[\frac{s+5}{(s+1)(s+3)}\right] = -e^{-3t} + 2e^{-t},$$

所以

$$y(t) = -\frac{3}{4}e^{-3t} + \frac{te^{-t}}{2} + \frac{7}{4}e^{-t}.$$

(2) 设 $\mathscr{L}[y(t)] = Y(s)$,对于 $y''' - y' = e^{2t}$,方程两边取拉普拉斯变换,可得

$$s^3 Y(s) - s^2 y(0) - sy'(0) - y''(0) - sY(s) + y(0) = \frac{1}{s-2},$$

代入初始条件 $y(0) = y'(0) = y''(0) = 0$,化简得

$$Y(s) = \frac{1}{s(s^2-1)(s-2)} = \frac{1}{s^4-2s^3-s^2+2s}.$$

由于 $0, \pm 1, 2$ 均为 $Y(s)$ 的一阶极点，取拉普拉斯逆变换，可得原方程的解为

$$
\begin{aligned}
y(t) &= \mathscr{L}^{-1}\left[\frac{1}{s(s^2-1)(s-2)}\right] \\
&= \mathrm{Res}\left[\frac{\mathrm{e}^{st}}{s(s^2-1)(s-2)}, 0\right] + \mathrm{Res}\left[\frac{\mathrm{e}^{st}}{s(s^2-1)(s-2)}, 1\right] + \\
&\quad \mathrm{Res}\left[\frac{\mathrm{e}^{st}}{s(s^2-1)(s-2)}, -1\right] + \mathrm{Res}\left[\frac{\mathrm{e}^{st}}{s(s^2-1)(s-2)}, 2\right] \\
&= \sum_{s=0,\pm 1,2} \frac{\mathrm{e}^{st}}{[s(s^2-1)(s-2)]'} = \sum_{s=0,\pm 1,2} \frac{\mathrm{e}^{st}}{4s^3-6s^2-2s+2} \\
&= \frac{1}{2} - \frac{\mathrm{e}^t}{2} - \frac{\mathrm{e}^{-t}}{6} + \frac{\mathrm{e}^{2t}}{6}.
\end{aligned}
$$

6.4.2　利用拉普拉斯变换求解常系数微分方程组

例2　求解初值问题 $\begin{cases} \dfrac{\mathrm{d}x}{\mathrm{d}t} = 2x+y, \\ \dfrac{\mathrm{d}y}{\mathrm{d}t} = -x+4y, \\ x(0)=0, y(0)=1 \end{cases}$ 的解.

解　设 $X(s) = \mathscr{L}[x(t)], Y(s) = \mathscr{L}[y(t)]$.

对方程组取拉普拉斯变换，得到

$$
\begin{cases}
sX(s) - x(0) = 2X(s) + Y(s), \\
sY(s) - y(0) = -X(s) + 4Y(s),
\end{cases}
$$

即

$$
\begin{cases}
(s-2)X(s) - Y(s) = 0, \\
X(s) + (s-4)Y(s) = 1,
\end{cases}
$$

从而有

$$
\begin{cases}
X(s) = \dfrac{1}{(s-3)^2}, \\
Y(s) = \dfrac{s-2}{(s-3)^2} = \dfrac{1}{s-3} + \dfrac{1}{(s-3)^2},
\end{cases}
$$

对上述方程组取拉普拉斯逆变换,得原方程组的解为

$$\begin{cases} x(t)=te^{3t}, \\ y(t)=e^{3t}+te^{3t}. \end{cases}$$

例3 求微分方程组

$$\begin{cases} x''-2y'-x=0, \\ x'-y=0 \end{cases}$$

满足初始条件 $x(0)=0,x'(0)=1,y(0)=1$ 的解.

解 设 $X(s)=\mathscr{L}[x(t)],Y(s)=\mathscr{L}[y(t)].$

对微分方程组取拉普拉斯变换得

$$\begin{cases} s^2X(s)-sx(0)-x'(0)-2[sY(s)-y(0)]-X(s)=0 \\ sX(s)-x(0)-Y(s)=0, \end{cases}$$

将初始条件 $x(0)=0,x'(0)=1,y(0)=1$ 代入得

$$\begin{cases} (s^2-1)X(s)-2sY(s)+1=0, \\ sX(s)-Y(s)=0, \end{cases}$$

由上面方程组解得

$$\begin{cases} X(s)=\dfrac{1}{s^2+1}, \\ Y(s)=\dfrac{s}{s^2+1}, \end{cases}$$

对上述方程组取拉普拉斯逆变换得原方程组的解为

$$\begin{cases} x(t)=\sin t, \\ y(t)=\cos t. \end{cases}$$

习题 6

1. 求下列函数的拉普拉斯变换.

(1) $f(t)=\sin t \cdot \cos t$;　　　　　(2) $f(t)=e^{-4t}$;

(3) $f(t)=\sin^2 t$;　　　　　　　　(4) $f(t)=t^2$.

2. 求下列函数的拉普拉斯变换.

(1) $f(t)=\begin{cases}2,0\leqslant t<1,\\1,1\leqslant t<2,\\0,t\geqslant 2;\end{cases}$

(2) $f(t)=\begin{cases}\cos t,&0\leqslant t<\pi,\\0,&t\geqslant\pi.\end{cases}$

3. 设函数 $f(t)=\cos t\cdot\delta(t)-\sin t\cdot u(t)$,其中函数 $u(t)$ 为阶跃函数,求 $f(t)$ 的拉普拉斯变换.

4. 求下图所表示的周期函数的拉普拉斯变换.

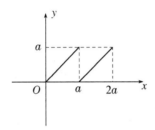

注:若 $f_T(t)$ 是以 T 为最小正周期的周期函数,则其拉普拉斯变换可表示为

$$\mathscr{L}\big[f_T(t)\big]=\frac{\displaystyle\int_0^T f_T(t)\cdot e^{-st}\,dt}{1-e^{-Ts}}.$$

5. 求下列函数的拉普拉斯变换.

(1) $f(t)=\dfrac{t}{2l}\cdot\sin lt$;

(2) $f(t)=e^{-2t}\cdot\sin 5t$;

(3) $f(t)=1-t\cdot e^t$;

(4) $f(t)=e^{-4t}\cdot\cos 4t$;

(5) $f(t)=u(2t-4)$;

(6) $f(t)=5\sin 2t-3\cos 2t$;

(7) $f(t)=t^2+3t+2$.

6. 计算下列函数的卷积.

(1) $1*1$;

(2) $t*t$;

(3) $t*e^t$;

(4) $\sin at*\sin at$.

7. 求下列函数的拉普拉斯逆变换.

(1) $F(s)=\dfrac{s}{(s-1)(s-2)}$;　　　　　(2) $F(s)=\dfrac{s^2+8}{(s^2+4)^2}$;

(3) $F(s)=\dfrac{1}{s(s+1)(s+2)}$;　　　　(4) $F(s)=\dfrac{s}{(s^2+4)^2}$;

(5) $F(s)=\ln\dfrac{s-1}{s+1}$;　　　　　　(6) $F(s)=\dfrac{s^2+2s-1}{s\,(s-1)^2}$.

8. 求下列函数的拉普拉斯逆变换.

(1) $F(s)=\dfrac{1}{(s^2+4)^2}$;　　　　　(2) $F(s)=\dfrac{1}{s^4+5s^2+4}$;

(3) $F(s)=\dfrac{s+2}{(s^2+4s+5)^2}$;　　　(4) $F(s)=\dfrac{2s^2+3s+3}{(s+1)(s+3)^2}$.

9. 求下列微分方程的解.

(1) $y''+2y'-3y=\mathrm{e}^{-t}, y(0)=0, y'(0)=1$;

(2) $y''-y=4\sin t+5\cos 2t, y(0)=-1, y'(0)=-2$;

(3) $y''-2y'+2y=2\mathrm{e}^t\cdot\cos t, y(0)=y'(0)=0$;

(4) $y^{(4)}+2y''+y=0, y(0)=y'(0)=y'''(0)=0, y''(0)=1$.

各章习题参考答案

习题 1

1. (1) $\dfrac{\sqrt{2}}{2}-\dfrac{\sqrt{2}}{2}\mathrm{i}$;　(2) $\dfrac{19}{25}-\dfrac{8}{25}\mathrm{i}$;　(3) $5+10\mathrm{i}$;　(4) $\dfrac{3}{2}-\dfrac{5}{2}\mathrm{i}$.

2. (1) $\mathrm{Re}\left(\dfrac{z-a}{z+a}\right)=\dfrac{x^2-a^2+y^2}{(x+a)^2+y^2},\mathrm{Im}\left(\dfrac{z-a}{z+a}\right)=\dfrac{2ay}{(x+a)^2+y^2}$;

(2) $\mathrm{Re}(z^3)=x^3-3xy^2,\mathrm{Im}(z^3)=3x^2y-y^3$;

(3) $\mathrm{Re}\left(\dfrac{-1+\mathrm{i}\sqrt{3}}{2}\right)^3=1,\mathrm{Im}\left(\dfrac{-1+\mathrm{i}\sqrt{3}}{2}\right)^3=0$;

(4) 设 $k\in\mathbf{Z}$, 当 $n=2k$ 时, $\mathrm{Re}(\mathrm{i}^n)=(-1)^k,\mathrm{Im}(\mathrm{i}^n)=0$; 当 $n=2k+1$ 时, $\mathrm{Re}(\mathrm{i}^n)=0,\mathrm{Im}(\mathrm{i}^n)=(-1)^k$.

3. (1) $\sqrt{5},-2-\mathrm{i}$;　(2) $3,-3$;　(3) $\sqrt{65},4-7\mathrm{i}$;　(4) $\dfrac{\sqrt{2}}{2},\dfrac{1-\mathrm{i}}{2}$.

6. (1) $\dfrac{\sqrt{17}}{5}e^{\mathrm{i}\theta}$, 其中 $\theta=-\arctan\dfrac{8}{19}$; (2) $e^{\mathrm{i}\frac{\pi}{2}}$; (3) $e^{\pi\mathrm{i}}$; (4) $16\pi\cdot e^{-\frac{2}{3}\pi\mathrm{i}}$;

(5) $e^{\frac{2\pi}{3}\mathrm{i}}$.

7. (1) $z_0=\cos\dfrac{\pi}{6}+\mathrm{i}\sin\dfrac{\pi}{6}=\dfrac{\sqrt{3}}{2}+\dfrac{1}{2}\mathrm{i},z_1=\cos\dfrac{5}{6}\pi+\mathrm{i}\sin\dfrac{5}{6}\pi=-\dfrac{\sqrt{3}}{2}+\dfrac{1}{2}\mathrm{i},z_2=\cos\dfrac{9}{6}\pi+\mathrm{i}\sin\dfrac{9}{6}\pi=-\mathrm{i}$;

(2) $z_0=\cos\dfrac{\pi}{3}+\mathrm{i}\sin\dfrac{\pi}{3}=\dfrac{1}{2}+\dfrac{\sqrt{3}}{2}\mathrm{i},z_1=\cos\pi+\mathrm{i}\sin\pi=-1,z_2=\cos\dfrac{5}{3}\pi+\mathrm{i}\sin\dfrac{5}{3}\pi=\dfrac{1}{2}-\dfrac{\sqrt{3}}{2}\mathrm{i}$;

(3) $z_0 = \sqrt[4]{6} \cdot \left(\cos \dfrac{\pi}{8} + \mathrm{i}\sin \dfrac{\pi}{8} \right) = \sqrt[4]{6} \cdot \mathrm{e}^{\frac{\pi}{8}\mathrm{i}},\ z_1 = \sqrt[4]{6} \cdot \left(\cos \dfrac{9}{8}\pi + \mathrm{i}\sin \dfrac{9}{8}\pi \right)$
$= \sqrt[4]{6} \cdot \mathrm{e}^{\frac{9}{8}\pi \mathrm{i}}$.

8. (1) 0; (2) 极限不存在; (3) $-\dfrac{1}{2}$; (4) $\dfrac{3}{2}$.

9. (1) $f(z)$在 $z=0$ 处不连续,除 $z=0$ 外连续;(2) $f(z)$在整个复平面连续.

习题 2

1. (1) $f(z)$除 $z = \dfrac{7}{5}$ 外处处可导, $f'(z) = -\dfrac{61}{(5z-7)^2}$;

(2) $f(z)$除 $z=0$ 外处处可导,且 $f'(z) = -\dfrac{(1+\mathrm{i})}{z^2}$.

2. (1) $f(z)$在$\sqrt{2}x \pm \sqrt{3}y = 0$ 处可导,在全平面不解析;

(2) $f(z)$在 $z=0$ 处可导,处处不解析.

4. $f'(z) = \dfrac{\partial u}{\partial x} + \mathrm{i}\dfrac{\partial v}{\partial x} = \mathrm{e}^z + x\mathrm{e}^z + \mathrm{i}y\mathrm{e}^z = \mathrm{e}^z(1+z)$.

5. (1) $\mathrm{e}^2(\cos 1 + \mathrm{i}\sin 1)$;(2) $\mathrm{e}^{\frac{2}{3}} \cdot \left(\dfrac{1}{2} - \dfrac{\sqrt{3}}{2}\mathrm{i} \right)$;(3) $\mathrm{e}^{\frac{x}{x^2+y^2}} \cdot \cos\left(\dfrac{y}{x^2+y^2} \right)$;
(4) e^{-2x}.

6. (1) $\ln \sqrt{13} + \mathrm{i}\left(\pi - \arctan \dfrac{3}{2} \right)$;(2) $\ln 2\sqrt{3} - \dfrac{\pi}{6}\mathrm{i}$;(3) i;(4) $1 + \dfrac{\pi}{2}\mathrm{i}$.

7. (1) $\mathrm{e}^{2k\pi}(k \in \mathbf{Z})$;(2) $\mathrm{e}^{\frac{\pi}{4}-2k\pi}\left(\dfrac{\sqrt{2}}{2} - \dfrac{\sqrt{2}}{2}\mathrm{i} \right)(k \in \mathbf{Z})$.

8. $\dfrac{\mathrm{e}^5 + \mathrm{e}^{-5}}{2} \cdot \sin 1 - \mathrm{i} \cdot \dfrac{\mathrm{e}^5 - \mathrm{e}^{-5}}{2}\cos 1$.

9. (1) i; (2) $\ln 2 + \left(2k + \dfrac{1}{3} \right)\pi \mathrm{i}(k \in \mathbf{Z})$.

11. (1) $f(z) = z^2 - \mathrm{i} \cdot \dfrac{z^2}{2} + \mathrm{i}C$; (2) $f(z) = \mathrm{i}\left(\dfrac{1}{z} - 1 \right)$.

习题 3

1. $\dfrac{i-1}{3}$.

2. (1) i;　(2) $\dfrac{2}{3}$i.

3. (1) i;　(2) 2i;　(3) 2i.

4. 0

5. (1) $2\pi i$;　(2) 0;　(3) $-\pi i$;　(4) πi.

6. (1) $2\sin\left(\dfrac{\pi}{2}+i\right)$;　(2) -2;　(3) $-\dfrac{11}{3}+\dfrac{i}{3}$;　(4) $\dfrac{1}{2}\big[\ln^2(1+i)-$

$\ln^2 2\big]$;　(5) $\sin 1-\cos 1$.

7. (1) $\dfrac{\pi i}{12}$;　(2) $-\pi i$;　(3) $\pi i\sec^2\dfrac{z_0}{2}$.

8. (1) $\dfrac{3\pi i}{8}$;　(2) $-\dfrac{3\pi i}{8}$.

9. 当 $|z|>1$ 时,$f(z)=0,f'(z)=0$;当 $|z|<1$ 时,$f(z)=2\pi i e^{z^2}\cdot z$,
$f'(z)=2\pi i(1+2z^2)\cdot e^{z^2}$.

习题 4

1. 不一定. 反例:

$$\sum_{n=1}^{\infty}a_n=\sum_{n=1}^{\infty}\frac{1}{n}+i\,\frac{1}{n^2},\sum_{n=1}^{\infty}b_n=\sum_{n=1}^{\infty}\left(-\frac{1}{n}\right)+i\,\frac{1}{n^2}\text{ 发散},$$

$$\text{但}\sum_{n=1}^{\infty}(a_n+b_n)=\sum_{n=1}^{\infty}i\cdot\frac{2}{n^2}\text{ 收敛};$$

$$\sum_{n=1}^{\infty}(a_n-b_n)=\sum_{n=1}^{\infty}\frac{2}{n}\text{ 发散};$$

$$\sum_{n=1}^{\infty}a_n b_n=\sum_{n=1}^{\infty}\left[-\left(\frac{1}{n^2}+\frac{1}{n^4}\right)\right]\text{收敛}.$$

2. (1) 发散;　(2) 发散;　(3) 收敛,条件收敛.

3. 当 $|z|>1$ 时,级数 $\displaystyle\sum_{n=0}^{\infty}(z^{n+1}-z^n)$ 发散;当 $z=1$ 和 $|z|<1$ 时,级数

$\sum\limits_{n=0}^{\infty} (z^{n+1} - z^n)$ 收敛.

4. 幂级数 $\sum\limits_{n=0}^{\infty} c_n (z-2)^n$ 不能在 $z=0$ 处收敛而在 $z=3$ 处发散.

5. $R'=R \cdot |b|$.

6. (1) $R=1$;   (2) $R=1$;   (3) $R=\sqrt{2}$.

7. (1) $\sum\limits_{n=1}^{\infty} (-1)^{n-1} \cdot nz^n = -z \sum\limits_{n=1}^{\infty} (-1)^n \cdot nz^{n-1} = \dfrac{z}{(1+z)^2}$, $|z|<1$;

(2) $\sum\limits_{n=0}^{\infty} (-1)^n \cdot \dfrac{z^{2n}}{(2n)!} = \cos z, R = +\infty$.

8. (1) $\dfrac{1}{2z-3} = -\dfrac{1}{3-2z} = -\dfrac{1}{3} \cdot \dfrac{1}{1-\dfrac{2}{3}z} = -\dfrac{1}{3} \sum\limits_{n=0}^{\infty} \left(\dfrac{2}{3}z\right)^n$, $|z|<\dfrac{3}{2}$;

$\dfrac{1}{2z-3} = \dfrac{1}{2z-2-1} = \dfrac{1}{2(z-1)-1} = -\dfrac{1}{1-2(z-1)}$

$= -\sum\limits_{n=0}^{\infty} 2^n (z-1)^n$, $|z-1|<\dfrac{1}{2}$;

(2) $\arctan z = \displaystyle\int_0^z \dfrac{1}{1+z^2} \mathrm{d}z = \int_0^z \sum\limits_{n=0}^{\infty} (-1)^n z^{2n} \mathrm{d}z$

$= \sum\limits_{n=0}^{\infty} (-1)^n \dfrac{1}{2n+1} \cdot z^{2n+1}$, $|z|<1$;

(3) $\dfrac{1}{(z+1)(z+2)} = \dfrac{1}{z+1} - \dfrac{1}{z+2} = \dfrac{1}{z-2+3} - \dfrac{1}{z-2+4}$

$= \dfrac{1}{3} \cdot \dfrac{1}{1+\dfrac{z-2}{3}} - \dfrac{1}{4} \cdot \dfrac{1}{1+\dfrac{z-2}{4}}$

$= \dfrac{1}{3} \sum\limits_{n=0}^{\infty} (-1)^n \cdot \left(\dfrac{z-2}{3}\right)^n - \dfrac{1}{4} \sum\limits_{n=0}^{\infty} (-1)^n \cdot \left(\dfrac{z-2}{4}\right)^n$

$= \sum\limits_{n=0}^{\infty} (-1)^n \cdot \left(\dfrac{1}{3^{n+1}} - \dfrac{1}{4^{n+1}}\right)(z-2)^n$, $|z-2|<3$.

9. 函数 $f(z)$ 有奇点 $z_1=1$ 与 $z_2=-2$,有三个以 $z=0$ 为中心的圆环域,其洛朗级数分别有以下三种情况:

(1) 在 $|z|<1$ 内，$f(z)=\dfrac{2z+1}{z^2+z-2}=\dfrac{1}{z-1}+\dfrac{1}{z+2}$

$$=-\dfrac{1}{1-z}+\dfrac{1}{2}\cdot\dfrac{1}{1+\dfrac{z}{2}}$$

$$=-\sum_{n=0}^{\infty}z^n+\dfrac{1}{2}\sum_{n=0}^{\infty}(-1)^n\left(\dfrac{z}{2}\right)^n;$$

(2) 在 $1<|z|<2$ 内，$f(z)=\dfrac{2z+1}{z^2+z-2}=\dfrac{1}{z-1}+\dfrac{1}{z+2}$

$$=\dfrac{1}{z}\cdot\dfrac{1}{1-\dfrac{1}{z}}+\dfrac{1}{2}\cdot\dfrac{1}{1+\dfrac{z}{2}}$$

$$=\dfrac{1}{z}\sum_{n=0}^{\infty}\left(\dfrac{1}{z}\right)^n+\dfrac{1}{2}\sum_{n=0}^{\infty}(-1)^n\left(\dfrac{z}{2}\right)^n;$$

(3) 在 $2<|z|<+\infty$ 内，$f(z)=\dfrac{2z+1}{z^2+z-2}=\dfrac{1}{z-1}+\dfrac{1}{z+2}$

$$=\dfrac{1}{z}\cdot\dfrac{1}{1-\dfrac{1}{z}}+\dfrac{1}{z}\cdot\dfrac{1}{1+\dfrac{2}{z}}$$

$$=\dfrac{1}{z}\sum_{n=0}^{\infty}\left(\dfrac{1}{z}\right)^n+\dfrac{1}{z}\sum_{n=0}^{\infty}(-1)^n\left(\dfrac{2}{z}\right)^n.$$

习题 5

1. (1) $z=0$ 是 $e^{\frac{1}{z}}$ 的本性奇点；　(2) $z=0$ 是 $\dfrac{1-\cos z}{z^2}$ 的可去奇点.

2. (1) $z=0$，二阶极点；　(2) $z=2k\pi i$ 是一阶极点，其中 $k\in\mathbf{Z}$，且 $k\neq0$，$z=0$ 是三阶极点；　(3) $z=0$ 是 $\dfrac{1}{\sin z^2}$ 的二阶极点，$\pm\sqrt{k\pi}i$，$\pm\sqrt{k\pi}$ 是 $\dfrac{1}{\sin z^2}$ 的一阶极点，其中 $k\in\mathbf{Z}$，且 $k\neq0$.

3. (1) $\dfrac{1}{24}$；　(2)1.

4. $\mathrm{Res}[f(z),0]=\dfrac{1}{1!}\cdot\lim_{z\to0}\left(\dfrac{3z+2}{z+2}\right)'=\lim_{z\to0}\dfrac{3(z+2)-3z-2}{(z+2)^2}=\dfrac{4}{4}=1;$

$\mathrm{Res}[f(z),-2]=\lim_{z\to-2}\dfrac{3z+2}{z^2}=-1.$

5. $\operatorname{Res}[f(z),0]=1-\dfrac{1}{3!}$.

6. (1) 0; (2) $2\pi\mathrm{i}$.

7. $-\dfrac{\pi\mathrm{i}}{(3+\mathrm{i})^{10}}$.

8. $\dfrac{\pi}{ab(a+b)}$.

习题 6

1. (1) $\mathscr{L}[f(t)]=\dfrac{1}{s^2+4}$; (2) $\mathscr{L}[f(t)]=\dfrac{1}{s+4}$; (3) $\mathscr{L}[f(t)]=$
$\dfrac{2}{s(s^2+4)}$; (4) $\mathscr{L}[f(t)]=\dfrac{2}{s^3}$.

2. (1) $\mathscr{L}[f(t)]=\dfrac{1}{s}(2-\mathrm{e}^{-s}-\mathrm{e}^{-2s})$; (2) $\mathscr{L}[f(t)]=\dfrac{s(1+\mathrm{e}^{-\pi s})}{s^2+1}$.

3. $\mathscr{L}[f(t)]=\dfrac{s^2}{s^2+1}$.

4. $\mathscr{L}[f_T(t)]=\dfrac{\displaystyle\int_0^T f_T(t)\cdot\mathrm{e}^{-st}\,\mathrm{d}t}{1-\mathrm{e}^{-Ts}}=\dfrac{1+as}{s^2}-\dfrac{a}{s(1-\mathrm{e}^{-as})}$.

5. (1) $F(s)=\dfrac{s}{(s^2+l^2)^2}$; (2) $F(s)=\dfrac{5}{(s+2)^2+25}$;

(3) $F(s)=\dfrac{1}{s}-\dfrac{1}{(s-1)^2}$; (4) $F(s)=\dfrac{s+4}{(s+4)^2+16}$; (5) $F(s)=\dfrac{1}{s}\mathrm{e}^{-2s}$;

(6) $F(s)=\dfrac{10-3s}{s^2+4}$; (7) $F(s)=\dfrac{1}{s^3}(2s^2+3s+2)$.

6. (1) $1*1=t$; (2) $t*t=\dfrac{1}{6}t^3$; (3) $t*\mathrm{e}^t=\mathrm{e}^t-t-1$;

(4) $\sin at*\sin at=\dfrac{1}{2a}\sin at-\dfrac{t}{2}\cos at$.

7. (1) $F(s)=\dfrac{s}{(s-1)(s-2)}=\dfrac{2}{s-2}-\dfrac{1}{s-1}$, $\mathscr{L}^{-1}[F(s)]=2\mathrm{e}^{2t}-\mathrm{e}^t$;

(2) $F(s)=\dfrac{s^2+8}{(s^2+4)^2}=\dfrac{3}{4}\left(\dfrac{2}{s^2+4}\right)-\dfrac{1}{2}\left[\dfrac{s^2-4}{(s^2+4)^2}\right]$,

$$\mathscr{L}^{-1}[F(s)]=\frac{3}{4}\sin 2t-\frac{1}{2}t\cos 2t;$$

(3) $F(s)=\dfrac{1}{s(s+1)(s+2)}=\dfrac{1}{2s}-\dfrac{1}{s+1}+\dfrac{1}{2(s+2)}$,

$$\mathscr{L}^{-1}[F(s)]=\frac{1}{2}-\mathrm{e}^{-t}+\frac{1}{2}\mathrm{e}^{-2t};$$

(4) $F(s)=\dfrac{s}{(s^2+4)^2}=-\dfrac{1}{4}\cdot\dfrac{-4s}{(s^2+4)^2}=-\dfrac{1}{4}\cdot\left(\dfrac{2}{s^2+2^2}\right)'$, $\mathscr{L}^{-1}[F(s)]=$ $\dfrac{t}{4}\sin 2t;$

(5) $F(s)=\ln\dfrac{s-1}{s+1}=\displaystyle\int_s^\infty\left(\dfrac{1}{s+1}-\dfrac{1}{s-1}\right)\mathrm{d}s=\mathscr{L}\left[\dfrac{g(t)}{t}\right]$, 其中 $g(t)=$ $\mathscr{L}^{-1}\left(\dfrac{1}{s+1}-\dfrac{1}{s-1}\right)=\mathrm{e}^{-t}-\mathrm{e}^t$, $\mathscr{L}^{-1}[F(s)]=\dfrac{\mathrm{e}^{-t}-\mathrm{e}^t}{t};$

(6) $F(s)=\dfrac{s^2+2s-1}{s\,(s-1)^2}=-\dfrac{1}{s}+\dfrac{2}{s-1}+\dfrac{2}{(s-1)^2}$, 所以 $\mathscr{L}^{-1}[F(s)]=2t\mathrm{e}^t+$ $2\mathrm{e}^t-1.$

8. (1) $F(s)=\dfrac{1}{(s^2+4)^2}=\dfrac{1}{16}\cdot\dfrac{2(s^2+4)}{(s^2+4)^2}-\dfrac{1}{8}\cdot\dfrac{s^2-4}{(s^2+4)^2}$

$$=\frac{1}{16}\cdot\frac{2}{s^2+4}-\frac{1}{8}\cdot\frac{s^2-4}{(s^2+4)^2},$$

故 $\mathscr{L}^{-1}[F(s)]=\dfrac{1}{16}\sin 2t-\dfrac{1}{8}t\cdot\cos 2t;$

(2) $F(s)=\dfrac{1}{s^4+5s^2+4}=\dfrac{1}{3}\left(\dfrac{1}{s^2+1}-\dfrac{1}{s^2+4}\right)=\dfrac{1}{3}\left(\dfrac{1}{s^2+1}-\dfrac{1}{2}\cdot\dfrac{2}{s^2+2^2}\right)$,

故 $\mathscr{L}^{-1}[F(s)]=\dfrac{1}{3}\sin t-\dfrac{1}{6}\sin 2t;$

(3) $F(s)=\dfrac{s+2}{(s^2+4s+5)^2}=\dfrac{s+2}{[(s+2)^2+1]^2}=-\dfrac{1}{2}\left(\dfrac{1}{(s+2)^2+1}\right)'$, 故

$$\mathscr{L}^{-1}[F(s)]=\frac{1}{2}t\cdot\mathrm{e}^{-2t}\cdot\sin t;$$

(4) $F(s)=\dfrac{2s^2+3s+3}{(s+1)(s+3)^2}=\dfrac{\frac{1}{2}}{s+1}+\dfrac{\frac{3}{2}}{s+3}+\dfrac{-6}{(s+3)^2}$

$$= \frac{1}{2} \cdot \frac{1}{s+1} + \frac{3}{2} \cdot \frac{1}{s+3} - 6 \cdot \frac{1}{[s-(-3)]^2},$$

所以 $\mathcal{L}^{-1}[F(s)] = \frac{1}{2}e^{-t} + \frac{3}{2}e^{-3t} - 6t \cdot e^{-3t}.$

9. (1) 设 $\mathcal{L}[y(t)] = Y(s), \mathcal{L}[(y'(t)] = sY(s) - y(0) = sY(s), \mathcal{L}[(y''(t)] = s^2 Y(s) - sy(0) - y'(0) = s^2 Y(s) - 1.$

方程两边取拉氏变换,得

$$s^2 \cdot Y(s) - 1 + 2s \cdot Y(s) - 3Y(s) = \frac{1}{s+1},$$

即

$$(s^2 + 2s - 3)Y(s) = \frac{1}{s+1} + 1 = \frac{s+2}{s+1},$$

从而

$$Y(s) = \frac{s+2}{(s+1)(s^2+2s-3)} = \frac{s+2}{(s+1)(s-1)(s+3)},$$

则

$s_1 = -1, s_2 = 1, s_3 = -3$ 为 $Y(s)$ 的三个一阶极点,则

$$y(t) = \mathcal{L}^{-1}[Y(s)] = \sum_{k=1}^{3} \text{Res}[Y(s) \cdot e^{st}; s_k]$$

$$= \text{Res}\left[\frac{(s+2) \cdot e^{st}}{(s+1)(s-1)(s+3)}, -1\right] + \text{Res}\left[\frac{(s+2) \cdot e^{st}}{(s+1)(s-1)(s+3)}, 1\right]$$

$$+ \text{Res}\left[\frac{(s+2) \cdot e^{st}}{(s+1)(s-1)(s+3)}, -3\right]$$

$$= -\frac{1}{4}e^{-t} + \frac{3}{8}e^{t} - \frac{1}{8}e^{-3t};$$

(2) $y(t) = -2\sin t - \cos 2t;$

(3) $y(t) = t \cdot e^{t} \cdot \sin t;$

(4) $y(t) = \frac{1}{2}t \cdot \sin t.$

附录1 常用函数拉氏变换表

	$x(t)$	$X(s)$
1	$\delta(t)$	1
2	1	$\dfrac{1}{s}$
3	e^{-at}	$\dfrac{1}{s+a}$
4	te^{-at}	$\dfrac{1}{(s+a)^2}$
5	$\sin\omega t$	$\dfrac{\omega}{s^2+\omega^2}$
6	$\cos\omega t$	$\dfrac{s}{s^2+\omega^2}$
7	$e^{-at}\sin\omega t$	$\dfrac{\omega}{(s+a)^2+\omega^2}$
8	$e^{-at}\cos\omega t$	$\dfrac{s+a}{(s+a)^2+\omega^2}$
9	$t^n\,(n=1,2,3,\cdots)$	$\dfrac{n!}{s^{n+1}}$
10	$t^n e^{-at}\,(n=1,2,3,\cdots)$	$\dfrac{n!}{(s+a)^{n+1}}$
11	$\dfrac{1}{b-a}(e^{-at}-e^{-bt})$	$\dfrac{1}{(s+a)(s+b)}$
12	$\dfrac{1}{b-a}(be^{-bt}-ae^{-at})$	$\dfrac{s}{(s+a)(s+b)}$

	$x(t)$	$X(s)$
13	$\dfrac{1}{ab}\left[1+\dfrac{1}{a-b}(be^{-at}-ae^{-bt})\right]$	$\dfrac{1}{s(s+a)(s+b)}$
14	$\dfrac{1}{a^2}(at-1+e^{-at})$	$\dfrac{1}{s^2(s+a)}$

附录2 拉氏变换的基本性质

1	$\mathscr{L}[af(t)]=a\mathscr{L}[f(t)]$ $\mathscr{L}[af_1(t)+bf_2(t)]=a\mathscr{L}[f_1(t)]+b\mathscr{L}[f_2(t)]$	线性性质. a,b 为常数
2	$\mathscr{L}\left[\dfrac{\mathrm{d}}{\mathrm{d}t}f(t)\right]=sF(s)-f(0)$ $\mathscr{L}\left[\dfrac{\mathrm{d}^2}{\mathrm{d}t^2}f(t)\right]=s^2F(s)-sf(0)-f'(0)$ $\mathscr{L}\left[\dfrac{\mathrm{d}^n}{\mathrm{d}t^n}f(t)\right]=s^nF(s)-\displaystyle\sum_{k=1}^{n}s^{n-k}f^{(k-1)}(0)$	微分性质 零初始条件下 $\mathscr{L}\left[\dfrac{\mathrm{d}}{\mathrm{d}t}f(t)\right]=sF(s)$ 零初始条件下 $\mathscr{L}\left[\dfrac{\mathrm{d}^2}{\mathrm{d}t^2}f(t)\right]=s^2F(s)$ 零初始条件下 $\mathscr{L}\left[\dfrac{\mathrm{d}^n}{\mathrm{d}t^n}f(t)\right]=s^nF(s)$
3	$\mathscr{L}\left[\displaystyle\int_0^t f(t)\mathrm{d}t\right]=\dfrac{1}{s}F(s)$ $\mathscr{L}\left[\underbrace{\displaystyle\int_0^t\mathrm{d}t\int_0^t\mathrm{d}t\cdots\int_0^t f(t)\mathrm{d}t}_{n次}\right]=\dfrac{1}{s^n}F(s)$	积分性质
4	$\mathscr{L}[tf(t)]=-\dfrac{\mathrm{d}F(s)}{\mathrm{d}s}$ $\mathscr{L}\left[\dfrac{f(t)}{t}\right]=\displaystyle\int_s^\infty F(s)\mathrm{d}s$	函数乘以 t 函数除以 t
5	$\mathscr{L}[f(t-\tau)]=\mathrm{e}^{-\tau s}F(s)$ $\mathscr{L}[\mathrm{e}^{at}f(t)]=F(s-a)$	实数域位移定理(延迟定理) 复数域位移定理
6	$\mathscr{L}\left[f\left(\dfrac{t}{a}\right)\right]=aF(as),$ $\mathscr{L}[f(at)]=\dfrac{1}{a}F\left(\dfrac{s}{a}\right)$	相似定理. a 为常数.
7	$f(0_+)=\lim\limits_{t\to 0_+}f(t)=\lim\limits_{s\to\infty}sF(s)$ $f(+\infty)=\lim\limits_{t\to+\infty}f(t)=\lim\limits_{s\to 0}sF(s)$	初值定理 终值定理
8	$f_1(t)*f_2(t)=\displaystyle\int_0^t f_1(\tau)f_2(t-\tau)\mathrm{d}\tau$ $\mathscr{L}[f_1(t)*f_2(t)]=F_1(s)\cdot F_2(s)$	卷积 卷积定理

附录3 复习样卷1及答案

一、填空(每题 4 分, 共 40 分)

1. $z=\dfrac{1}{2}+\dfrac{\sqrt{3}}{2}\mathrm{i}$ 则 $\arg z=$ ＿＿＿＿＿＿＿＿＿．

2. $\sqrt[4]{1-\mathrm{i}}=$ ＿＿＿＿＿＿＿＿＿＿．

3. $(1+\mathrm{i})^{\mathrm{i}}=$ ＿＿＿＿＿＿＿＿＿＿＿＿．

4. $\mathrm{Ln}(1+\mathrm{i})$ 主值为 ＿＿＿＿＿＿＿＿＿＿＿＿＿．

5. $\oint_{|z-1|=1}\dfrac{1}{z-1}\mathrm{d}z=$ ＿＿＿＿＿＿＿＿＿＿＿．

6. $\int_0^{\mathrm{i}}\mathrm{i}e^{-z}\mathrm{d}z=$ ＿＿＿＿＿＿＿＿＿＿＿＿＿．

7. 幂级数 $\displaystyle\sum_{n=1}^{\infty}\dfrac{z^n}{n!}$ 的收敛半径 $R=$ ＿＿＿＿＿＿＿＿＿．

8. 若 $\mathscr{L}[f(t)]=F(s)$,则 $\mathscr{L}[f(t-\tau)]=$ ＿＿＿＿＿＿＿＿＿＿．

9. $z=0$ 是 $f(z)=\dfrac{\sin z}{z^2}$ 的 ＿＿＿＿＿＿ 阶极点．

10. 设 $\mathscr{L}[f_1(t)]=F_1(s),\mathscr{L}[f_2(t)]=F_2(s)$,则 $\mathscr{L}[3f_1(t)-4f_2(t)]=$

＿＿＿＿＿＿＿＿．

二、计算题(共 60 分)

1. 判断 $f(z)=xy^2+\mathrm{i}x^2y$ 在何处可导?何处解析?（10 分）

2. 计算积分 $\int_C \mathrm{Re}(z)\mathrm{d}z$. (每小题 5 分, 共 10 分)

(1) C 为由 0 到 $2+\mathrm{i}$ 的有向线段; (2) C 为 $|z|=r$.

3. 计算 (每小题 10 分, 共 20 分)

(1) $\oint\limits_{|z|=\frac{1}{6}} \dfrac{\mathrm{e}^z \mathrm{d}z}{z(2z+1)}$; (2) $\oint\limits_{|z|=1} \dfrac{\mathrm{e}^z \mathrm{d}z}{z(2z+1)}$.

4. 把函数 $\dfrac{1}{(1+z)^2}$ 展开成 z 的幂级数. (10 分)

5. 求函数 $f(t)=\sin kt$ 的拉氏变换. (10 分)

复习样卷 1 答案

一、填空题

1. $\dfrac{\pi}{3}$.

2. $\sqrt[8]{2}\left(\cos\dfrac{2k\pi-\dfrac{\pi}{4}}{4}+\mathrm{i}\sin\dfrac{2k\pi-\dfrac{\pi}{4}}{4}\right)(k=0,1,2,3)$.

3. $\mathrm{e}^{\mathrm{i}\ln\sqrt{2}-\frac{\pi}{4}-2k\pi}$($k$ 为整数).

4. $\ln\sqrt{2}+\mathrm{i}\dfrac{\pi}{4}$.

5. $2\pi\mathrm{i}$.

6. $-\sin1+\mathrm{i}(1-\cos1)$.

7. $+\infty$.

8. $\mathrm{e}^{-\pi}F(s)$.

9. 1.

10. $3F_1(s)-4F_2(s)$.

二、计算题

1. 解
$$u(x,y)=xy^2,\ v(x,y)=x^2y,$$
$$\frac{\partial u}{\partial x}=y^2,\ \frac{\partial u}{\partial y}=2xy,\ \frac{\partial v}{\partial x}=2xy,\ \frac{\partial v}{\partial y}=x^2,$$

当$\dfrac{\partial u}{\partial x}=\dfrac{\partial v}{\partial y},\dfrac{\partial u}{\partial y}=-\dfrac{\partial v}{\partial x}$时,有

$$\begin{cases}y^2=x^2,\\2xy=-2xy,\end{cases}$$

即$\begin{cases}x=0,\\y=0\end{cases}$时才满足 C-R 条件,

故 $z=0$ 时 $f(z)$ 可导,而在整个复平面上处处不解析.

2. 解 (1) $C:\begin{cases}x=2t,\\y=t\end{cases}0\leqslant t\leqslant1$.

$$\int_C \text{Re}(z)\mathrm{d}z = \int_0^1 2t\mathrm{d}(2t+\mathrm{i}t) = \int_0^1 2t\mathrm{d}2t + \mathrm{i}\int_0^1 2t\mathrm{d}t = 2+\mathrm{i};$$

(2) $C:\begin{cases} x = r\cos\theta, \\ y = r\sin\theta \end{cases} 0 \leqslant \theta \leqslant 2\pi.$

$$\int_C \text{Re}(z)\mathrm{d}z = \int_0^{2\pi} r\cos\theta\mathrm{d}(r\cos\theta + \mathrm{i}r\sin\theta)$$

$$= \int_0^{2\pi} r\cos\theta\mathrm{d}r\cos\theta + \mathrm{i}r^2\int_0^{2\pi}\cos\theta\mathrm{d}\sin\theta$$

$$= \frac{1}{2}r^2\mathrm{i}\int_0^{2\pi}(1+\cos2\theta)\mathrm{d}\theta = \mathrm{i}r^2\pi.$$

3. 解　$\oint_{|z|=\frac{1}{6}} \frac{\mathrm{e}^z\mathrm{d}z}{z(2z+1)} = \oint_{|z|=\frac{1}{6}} \frac{\dfrac{\mathrm{e}^z}{2z+1}}{z}\mathrm{d}z = 2\pi\mathrm{i}\left.\frac{\mathrm{e}^z}{2z+1}\right|_{z=0} = 2\pi\mathrm{i};$

(2) $\oint_{|z|=1} \frac{\mathrm{e}^z\mathrm{d}z}{z(2z+1)} = \oint_{|z|=1} \frac{\mathrm{e}^z\mathrm{d}z}{z} - \oint_{|z|=1} \frac{\mathrm{e}^z\mathrm{d}z}{z+\dfrac{1}{2}}$

$$= 2\pi\mathrm{i}\,\mathrm{e}^z\Big|_{z=0} - 2\pi\mathrm{i}\,\mathrm{e}^z\Big|_{z=-\frac{1}{2}} = 2\pi\mathrm{i} - 2\pi\mathrm{i}\mathrm{e}^{-\frac{1}{2}}.$$

4. 解　$\dfrac{1}{1+z} = \displaystyle\sum_{n=0}^{\infty}(-1)^n z^n$　两边求导得

$$-\frac{1}{(1+z)^2} = \sum_{n=1}^{\infty}(-1)^n n z^{n-1},\text{其中}\mid z\mid<1,$$

所以

$$\frac{1}{(1+z)^2} = \sum_{n=1}^{\infty}(-1)^{n-1}n z^{n-1} = \sum_{n=0}^{\infty}(-1)^n(n+1)z^n,\text{其中}\mid z\mid<1.$$

5. 解　$\mathscr{L}[f(t)] = \displaystyle\int_0^{+\infty}\sin kt\cdot\mathrm{e}^{-st}\mathrm{d}t = -\frac{1}{s}\int_0^{+\infty}\sin kt\,\mathrm{d}\mathrm{e}^{-st}$

$$= -\frac{1}{s}\sin kt\cdot\mathrm{e}^{-st}\Big|_0^{+\infty} + \frac{1}{s}\int_0^{+\infty}\mathrm{e}^{-st}\mathrm{d}\sin kt = \frac{k}{s}\int_0^{+\infty}\mathrm{e}^{-st}\cos kt\,\mathrm{d}t$$

$$= -\frac{k}{s^2}\int_0^{+\infty}\cos kt\,\mathrm{d}\mathrm{e}^{-st} = -\frac{k}{s^2}\cos kt\cdot\mathrm{e}^{-st}\Big|_0^{+\infty} + \frac{k}{s^2}\int_0^{+\infty}\mathrm{e}^{-st}\mathrm{d}\cos kt$$

$$= \frac{k}{s^2} - \frac{k^2}{s^2} \int_0^{+\infty} \sin kt \cdot e^{-st} \, dt$$

所以

$$\mathscr{L}[f(t)] = \frac{k}{s^2} - \frac{k^2}{s^2} \mathscr{L}[f(t)],$$

则

$$\mathscr{L}[f(t)] = \frac{k}{s^2 + k^2} \quad (\text{Re}(s) > 0).$$

附录4 复习样卷2及答案

一、填空(每题 4 分,共 40 分)

1. $z=-\dfrac{1}{2}+\dfrac{\sqrt{3}}{2}\mathrm{i}$ 则 $\arg z=$ _____.

2. $\sqrt[4]{-1-\mathrm{i}}=$ _____.

3. $(1-\mathrm{i})^{\mathrm{i}}=$ _____.

4. $\mathrm{Ln}(-\mathrm{i})$ 主值为 _____.

5. $\oint_{|z|=r}\dfrac{1}{z}\mathrm{d}z=$ _____.

6. $\int_0^{\mathrm{i}}(z-\mathrm{i})\mathrm{e}^{-z}\mathrm{d}z=$ _____.

7. 幂级数 $\displaystyle\sum_{n=1}^{\infty}\dfrac{z^n}{(n+1)!}$ 的收敛半径 $R=$ _____.

8. $\int_{-\pi\mathrm{i}}^{\pi\mathrm{i}}\sin^2 z\mathrm{d}z=$ _____.

9. 设 $\mathscr{L}[f_1(t)]=F_1(s)$,$\mathscr{L}[f_2(t)]=F_2(s)$,则 $\mathscr{L}[3f_1(t)-2f_2(t)]=$

_____.

10. 若 $\mathscr{L}[u(t)]=\dfrac{1}{s}$,则 $\mathscr{L}[u(t-1)]=$ _____.

二、计算题(共 60 分)

1. 讨论 $f(z)=\mathrm{e}^x(\cos y+\mathrm{i}\sin y)$ 可导性? 解析性? (10 分)

2. 计算积分 $\int_C \text{Re}(z)\mathrm{d}z$.（每小题 5 分,共 10 分）

(1) C 为由 0 到 1+i 的有向线段.（2) C 为 $|z|=1$.

3. 计算复积分（每小题 5 分,共 10 分）

(1) $\oint\limits_{|z|=\frac{1}{6}} \dfrac{\mathrm{d}z}{z(3z+1)}$;　　(2) $\oint\limits_{|z|=1} \dfrac{\mathrm{d}z}{z(3z+1)}$.

4. 把函数 $\dfrac{1}{(1-z)^2}$ 展开成 z 的幂级数.（10 分）

5. 将函数 $f(z)=\dfrac{1}{(z^2+1)(z+2)}$,在 $1<|z|<2$ 圆域内展开成洛朗级数.（10 分）

6. 求函数 $f(t)=\mathrm{e}^{-5t}$ 的拉普拉斯变换.（10 分）

复习样卷 2 答案

一、填空题

1. $\dfrac{2}{3}\pi$.

2. $\sqrt[8]{2}\left(\cos\dfrac{2k\pi-\frac{3\pi}{4}}{4}+\mathrm{i}\sin\dfrac{2k\pi-\frac{3\pi}{4}}{4}\right)(k=0,1,2,3)$.

3. $\mathrm{e}^{\mathrm{i}\ln\sqrt{2}+\frac{\pi}{4}-2k\pi}(k\in\mathbf{Z})$.

4. $-\dfrac{\pi}{2}\mathrm{i}$.

5. $2\pi\mathrm{i}$.

6. $1-\cos 1+\mathrm{i}(\sin 1-1)$.

7. $+\infty$.

8. $\pi\mathrm{i}-\dfrac{1}{2}\sin 2\pi\mathrm{i}$.

9. $3F_1(s)-2F_2(s)$.

10. $\dfrac{1}{s}\mathrm{e}^{-s}$.

二、计算题

1. **解**　$u(x,y)=\mathrm{e}^x\cos y, v(x,y)=\mathrm{e}^x\sin y$,

$\dfrac{\partial u}{\partial x}=\mathrm{e}^x\cos y, \dfrac{\partial u}{\partial y}=-\mathrm{e}^x\sin y, \dfrac{\partial v}{\partial x}=\mathrm{e}^x\sin y, \dfrac{\partial v}{\partial y}=\mathrm{e}^x\cos y$,

在整个复平面上都满足 C-R 条件,即有 $\dfrac{\partial u}{\partial x}=\dfrac{\partial v}{\partial y},\dfrac{\partial u}{\partial y}=-\dfrac{\partial v}{\partial x}$,

故 $f(z)$ 在整个复平面上可导,并且处处解析.

2. **解**　(1) $C:\begin{cases}x=t,\\ y=t\end{cases}0\leqslant t\leqslant 1$,

$\displaystyle\int_c \mathrm{Re}(z)\mathrm{d}z=\int_0^1 t\mathrm{d}(t+\mathrm{i}t)=\int_0^1 t\mathrm{d}t+\mathrm{i}\int_0^1 t\mathrm{d}t=\dfrac{1}{2}+\dfrac{\mathrm{i}}{2}$;

(2) $C:\begin{cases} x=\cos\theta, \\ y=\sin\theta \end{cases} 0\leqslant\theta\leqslant2\pi.$

$$\int_C \mathrm{Re}(z)\mathrm{d}z = \int_0^{2\pi} \cos\theta\mathrm{d}(\cos\theta+\mathrm{i}\sin\theta)$$

$$= \int_0^{2\pi} \cos\theta\mathrm{d}\cos\theta + \mathrm{i}\int_0^{2\pi} \cos\theta\mathrm{d}\sin\theta$$

$$= \frac{1}{2}\mathrm{i}\int_0^{2\pi}(1+\cos2\theta)\mathrm{d}\theta = \mathrm{i}\pi.$$

3. 解 (1) $\oint\limits_{|z|=\frac{1}{6}} \frac{\mathrm{d}z}{z(3z+1)} = \oint\limits_{|z|=\frac{1}{6}} \frac{\frac{1}{(3z+1)}}{z}\mathrm{d}z = 2\pi\mathrm{i}\frac{1}{(3z+1)}\bigg|_{z=0}$

$$= 2\pi\mathrm{i};$$

(2) $\oint\limits_{|z|=1} \frac{\mathrm{d}z}{z(3z+1)} = \oint\limits_{|z|=\varepsilon_1} \frac{\mathrm{d}z}{z(3z+1)} + \oint\limits_{|z+\frac{1}{3}|=\varepsilon_2} \frac{\mathrm{d}z}{z(3z+1)}$

$$= 2\pi\mathrm{i}\frac{1}{3z+1}\bigg|_{z=0} + 2\pi\mathrm{i}\frac{1}{3z}\bigg|_{z=-\frac{1}{3}}$$

$$= 2\pi\mathrm{i} - 2\pi\mathrm{i} = 0(\text{其中 }\varepsilon_1,\varepsilon_2\text{ 为任意小常数}).$$

4. 解 由 $\dfrac{1}{1-z} = \sum\limits_{n=0}^{\infty} z^n$ 两边求导得

$$\frac{1}{(1-z)^2} = \sum_{n=1}^{\infty} nz^{n-1}, \text{其中} |z|<1.$$

5. 解 $f(z) = \dfrac{1}{(z^2+1)(z+2)} = \dfrac{1}{5}\left(\dfrac{1}{z+2}+\dfrac{2-z}{z^2+1}\right).$

当 $|z|<2$ 时,$\dfrac{1}{z+2} = \dfrac{1}{2}\sum\limits_{n=0}^{\infty}(-1)^n\left(\dfrac{z}{2}\right)^n;$

当 $|z|>1$ 时,$\dfrac{2-z}{z^2+1} = (2-z)\sum\limits_{n=0}^{\infty}(-1)^n z^{-2n-2},$

故当 $1<|z|<2$ 时,$f(z) = \dfrac{1}{5}\Big[\dfrac{1}{2}\sum\limits_{n=0}^{\infty}(-1)^n\cdot\left(\dfrac{z}{2}\right)^n + (2-z)\cdot$

$\sum\limits_{n=0}^{\infty}(-1)^n z^{-2n-2}\Big].$

6. 解　$\mathscr{L}[f(t)] = \displaystyle\int_0^{+\infty} \mathrm{e}^{-5t} \cdot \mathrm{e}^{-st}\,\mathrm{d}t = \int_0^{+\infty} \mathrm{e}^{-(s+5)t}\,\mathrm{d}t$

$$= -\frac{1}{s+5}\int_0^{+\infty} \mathrm{e}^{-(s+5)t}\,\mathrm{d}[-(s+5)t]$$

$$= -\frac{1}{s+5}\mathrm{e}^{-(s+5)t}\Big|_0^{+\infty} = \frac{1}{s+5},\ \mathrm{Re}(s+5) > 0.$$

内容简介

本书是为二本院校学生编写的理工科基础课"复变函数与积分变换"教材.

本书内容以"服务专业、实用易懂"为原则,简单易学,通俗简洁,包括复数与复变函数、解析函数、复积分、复级数、留数和拉普拉斯变换等.

本书不强调理论的完整和系统性,不追求公式繁杂的证明,而关注于工科的应用和学生的计算能力的培养.

图书在版编目(CIP)数据

复变函数与积分变换 / 陈荣军,文传军主编. — 南京：南京大学出版社,2015.9(2016.6 重印)

21 世纪应用型本科院校规划教材

ISBN 978 - 7 - 305 - 15719 - 6

Ⅰ. ①复… Ⅱ. ①陈… ②文… Ⅲ. ①复变函数—高等学校—教材 ②积分变换—高等学校—教材　Ⅳ. ①O174.5 ②O177.6

中国版本图书馆 CIP 数据核字(2015)第 188449 号

出版发行	南京大学出版社
社　　址	南京市汉口路 22 号　　　　邮　编　210093
出 版 人	金鑫荣
丛 书 名	21 世纪应用型本科院校规划教材
书　　名	复变函数与积分变换
主　　编	陈荣军　文传军
责任编辑	吴 昊　单 宁　　　　编辑热线　025 - 83596923
照　　排	南京南琳图文制作有限公司
印　　刷	南京新洲印刷有限公司
开　　本	787×960　1/16　印张 8　字数 110 千
版　　次	2015 年 9 月第 1 版　2016 年 6 月第 2 次印刷
ISBN	978 - 7 - 305 - 15719 - 6
定　　价	22.00 元

网址：http://www.njupco.com
官方微博：http://weibo.com/njupco
官方微信号：njupress
销售咨询热线：(025) 83594756